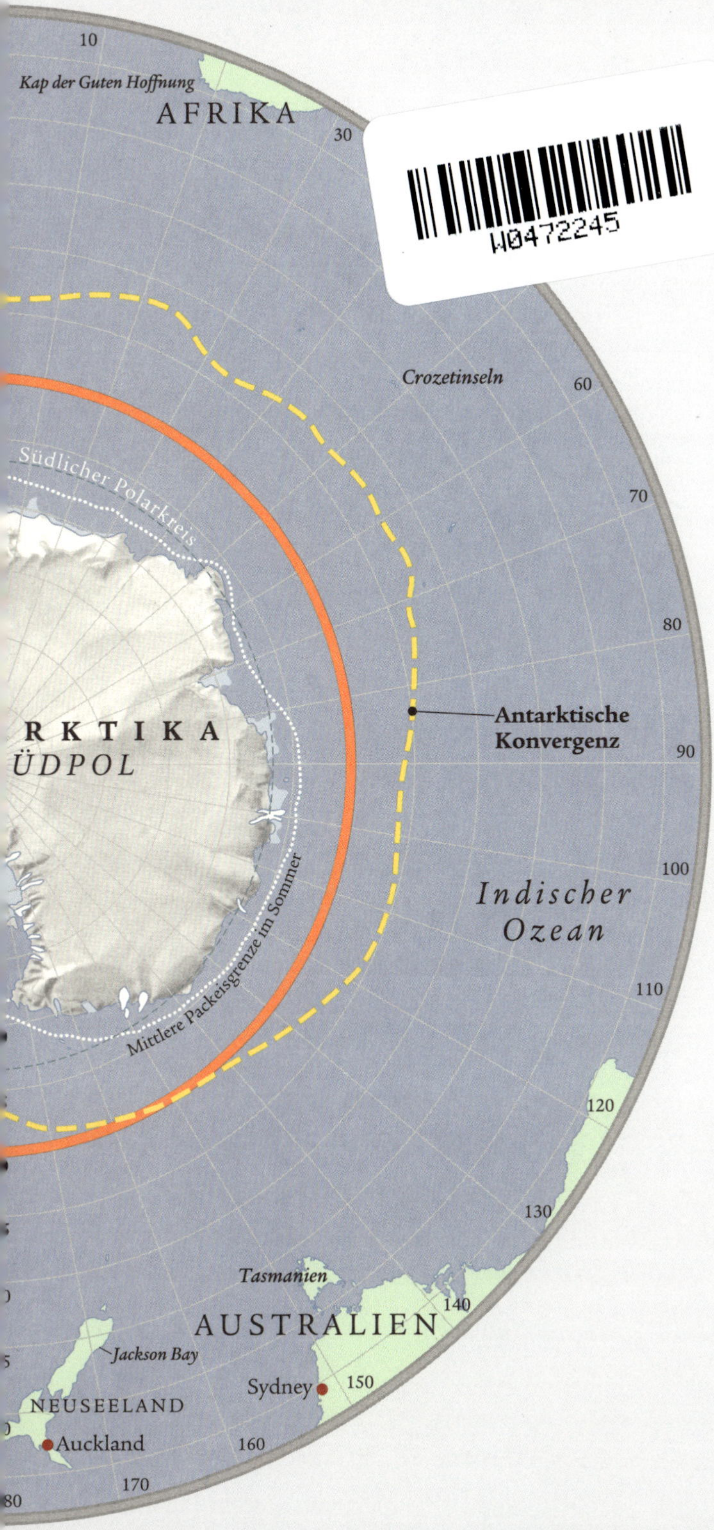
10
Kap der Guten Hoffnung
AFRIKA
30
Crozetinseln
60
Südlicher Polarkreis
70
80
R K T I K A
ÜDPOL
Antarktische Konvergenz
90
100
Indischer Ozean
Mittlere Packeisgrenze im Sommer
110
120
130
Tasmanien
140
AUSTRALIEN
Jackson Bay
Sydney
150
NEUSEELAND
Auckland
160
170
80

Klemens Pütz/Dunja Batarilo

Unverfrorene Freunde

Klemens Pütz/Dunja Batarilo

UNVERFRORENE FREUNDE

Mein Leben unter Pinguinen

Ullstein

Die Abbildungen in den Bildteilen stammen
aus dem Privatarchiv von Klemens Pütz.

MIX
Papier aus verantwortungsvollen Quellen
FSC® C014496

Ullstein ist ein Verlag der Ullstein Buchverlage GmbH

ISBN 978-3-550-05034-3

Gesetzt aus ITC Legacy
Vor- und Nachsatzkarten: © Peter Palm
Abbildung Seite 96: böing gestaltung mit Zeichnungen von B. Klotz,
http://boeing-gestaltung.de
Satz Pinkuin Satz und Datentechnik, Berlin
Druck und Bindearbeiten: GGP Media GmbH, Pößneck

Den Pinguinen und allen,
die sich für ihren Lebensraum einsetzen

INHALT

Pinguine brauchen Freunde – ein Vorwort

Feldforschung ist nichts für Weicheier. Treuliebende Partner und turtelnde Traumtänzer in Abendgarderobe unterm Polarlicht sind zwar beliebte Filmmotive, ich selbst habe so etwas allerdings in meiner ganzen Forscherlaufbahn noch nie zu sehen bekommen. Mein Alltag als Pinguinforscher ist eher unromantisch. Eine Pinguinkolonie riecht wie Fischmarkt am Abend, nur dreimal so schlimm. Ich bekomme Ehekriege, Prostitution und Gewalt zu sehen, und Karateschläge zwischen die Beine. Die Narben an meinen Händen weisen mich als Ornithologen aus – Pinguinschnäbel sind scharf –, und das Geschrei Zehntausender Brutpaare geht über die Jahre auf die Ohren. Und doch kann ich mir keinen besseren Beruf vorstellen. Meine Arbeit bringt mich an die frische Luft, darüber hinaus ist sie häufig zum Brüllen komisch: Wenn Königspinguinküken ihren Pubertätsrappel kriegen, lache ich mich kringelig. Im Teenageralter sehen sie aus wie kuschelige Kaffeewärmer, und wenn sie flügge werden, bekommen sie oft absurde Anfälle. Sie rennen dann ziellos umher und einander über den

Haufen, schlagen mit den noch nutzlosen Flauscheflügeln und verkloppen voller Enthusiasmus jeden Kollegen, der ihnen im Weg steht. Ist das Wahnsinn? Oder einfach die reine Lebensfreude? Ich weiß es nicht, aber witzig ist es in jedem Fall. Wenn ich auf dem Boden liege - auf den mild temperierten Falklandinseln geht das gut - und ganz still bin, fangen sie irgendwann an, auf mir herumzuklettern. Pinguine sind gerne obenauf; ich werde für sie zum Ausguckfelsen, und sie verteidigen mich, ihr Revier, auch gegen etwaige Konkurrenz.

Seit fast dreißig Jahren arbeite ich nun mit diesen schrägen Vögeln. In all den Jahren habe ich mich nicht einen einzigen Tag gelangweilt, so faszinierend sind diese Tiere. Mit meiner Begeisterung stehe ich nicht allein da: Auf YouTube schlittern Pinguine vor Millionen von klickenden Zuschauern Eisberge hinunter, in Kinderbüchern tragen sie Schals, sie verhelfen Dokumentarfilmern zu Oscars, und Linux-Fans nutzen sie als ihr Logo. Ihre fürsorgliche Brutpflege, ihr komplexes Sozialverhalten und ihre scheinbare Unbeholfenheit an Land machen sie sympathisch. Und überhaupt der aufrechte Gang: Sie laufen auf zwei Beinen! Pinguine sind hochindividuelle Wesen und doch kaum jemals allein anzutreffen. Meist watscheln sie im Pulk einher. Dabei sind sie so stilvoll, dass ihr Designer eigentlich einen Preis bekommen müsste.

Pinguine sind allerdings mehr als nur putzig: Sie haben uns einiges zu sagen. Sie leben unter extremen Bedingungen und vollbringen Anpassungsleistungen, von denen wir Menschen nur träumen können, sowohl an Land als auch im Wasser. Ändert sich an diesen Bedingungen etwas, zeigen uns das die Pinguine sofort. An ihnen sehen wir, wo es klemmt - in einem Ökosystem, auf dessen Erhalt auch wir Menschen angewiesen sind.

Pinguine leben in zwei Welten. An Land kommen sie eigentlich nur zur Familiengründung. Partner finden, Eier legen, Nachkommen aufziehen. Und einmal im Jahr Gefiederwechsel. Das alles erledigen sie auf nüchternen Magen, denn um an Nahrung zu kommen, müssen sie auf hohe See. Fliegen können sie nicht - genau genommen erst bei Sturm von vierhundert Kilometern pro Stunde, wie Wissenschaftler berechnet haben. Die Wahrheit ist: Sie fliegen unter Wasser. Bis zu siebzig Prozent ihrer Lebenszeit verbringen die Seevögel schwimmend und nach Futter tauchend in den Weiten der Ozeane. Hier zeigen sie ihre Meisterschaft: Bis zu 25 000 Kilometer können Pinguine zurücklegen, ohne je an Land zu gehen.

Mit Entfernungen haben Pinguine nicht nur kein Problem, vermutlich war Distanz für sie sogar lebensrettend. Sie kommen nur auf der Südhalbkugel vor, was den Europäern die kommerzielle Ausnutzung der Ressource Pinguin zumindest etwas erschwerte. Was kaum jemand weiß: Zu Robben- und Walfangzeiten, als man diese Tiere ihres Fettes wegen jagte, nutzte man Pinguine, um die Kessel zu beheizen. Brennholz ist in der Subantarktis Mangelware, und ein Pinguin hat den Brennwert von einem Brikett. Nicht umsonst wurde der Vogel von den ersten Antarktisfahrern als »Patagonische Fetthenne« bezeichnet. Allein auf den Falklandinseln, wo ich seit den Neunzigerjahren forsche, hat man auf diese Weise rund zwei Millionen Felsenpinguine verfeuert. Die Bestände haben sich bis heute nicht erholt. Nicht alles, was mit Pinguinen zu tun hat, ist also niedlich - vor allem, wenn wir Menschen involviert sind. Ich halte viele Vorträge, unter anderem auf Kreuzfahrt- und Expeditionsschiffen, und immer ist mir wichtig, mit den vielen Märchen und Mythen, die sich um Pinguine ranken, aufzuräumen. Diese Tiere sind so faszinierend, dass die Realität ohnehin spannender ist als jedes Klischee.

Meine Forschung an Pinguinen hat mich in die Antarktis, in den Indischen Ozean, auf die Falklandinseln, nach Patagonien, Neuseeland und Südgeorgien geführt, rund um den südlichen Polarkreis. Mit acht der insgesamt achtzehn Pinguinarten habe ich mich forschend auseinandergesetzt: in der Antarktis mit Kaiser- und Adeliepinguinen, in der Subantarktis mit Königs-, Esels-, und Felsenpinguinen, in Chile und auf Feuerland mit Magellan- und Humboldtpinguinen und auf Neuseeland mit Dickschnabelpinguinen. Die traurige Erkenntnis: Fast überall werden diese liebenswerten Tiere weniger. An der Küste der argentinischen Provinz Chubut zum Beispiel wurden über Jahrzehnte hinweg bis zu vierzigtausend Magellanpinguine jährlich verölt am Strand gefunden. Auf den Falklandinseln sind von den einst 1,5 Millionen Felsenpinguin-Brutpaaren heute nur noch dreihunderttausend vorhanden. Insgesamt sind heute zehn der derzeit achtzehn bekannten Pinguinarten in ihrem Bestand gefährdet oder vom Aussterben bedroht.

Warum ist das so? Das ist es, was ich mit meiner Forschung herausfinden will. Es geht darum, zu klären, was diese Tiere im Wasser eigentlich tun und was ihnen dabei so gefährlich wird. Zu verstehen, wohin sie ziehen und warum, was sie dort fressen, wo und wann und wie lange sie tauchen. Die Forschung zu diesem Thema ist noch gar nicht so alt. Bis Mitte des 20. Jahrhunderts hat die Wissenschaft sich vor allem damit beschäftigt, was der Pinguin tut, wenn er an Land ist. Es mussten erst einmal Solarzellen, Satelliten und hochleistungsfähige Miniaturdatenträger erfunden werden, bevor wir Biologen an den Vögeln so forschen konnten, wie wir es heutzutage tun. Heute kleben wir ihnen unterschiedliche Arten von kleinen Peilsendern und Fahrtenschreibern auf den Rücken und lassen die Tiere ihre Daten selbst sammeln.

Dadurch wissen wir: Wo Krill, Fisch und Tintenfisch in rauen Mengen gefangen werden, gehen die Pinguine immer öfter leer aus. Oft sterben sie auch in Fischernetzen sinnlose Tode. Die herzerwärmenden Bilder und Geschichten von Menschen, die ölverklebte Pinguine gesund pflegen, weisen auf ein weiteres Problem hin: die Schifffahrt. Öl, das aus Schiffen ausläuft oder unsachgemäß entsorgt wird, verklebt das Gefieder der Pinguine und macht sie schwimmunfähig. Ein weiterer Faktor ist die Erwärmung der Meere im Rahmen des Klimawandels: Meeresströmungen verändern sich, und mit ihnen das Nahrungsangebot. Ein Pinguin, der auf seinen gewohnten Wanderungen kein Futter findet, wird nach relativ kurzer Zeit an Unterernährung sterben.

Ich erforsche Pinguine, um sie zu schützen. Elfenbeintürme und die Hierarchien der Universitäten waren nie mein Ding, die Welt der Umweltaktivisten aber genauso wenig. Als freier Pinguinforscher kann ich Grundlagenforschung und Engagement verbinden. Ich empfinde es als Privileg, dass ich meine Forschungsfragen frei wählen kann und meine Arbeitszeit nicht in das Schreiben von buchdicken Anträgen investieren muss.

Ein wichtiger Meilenstein für meine Arbeit war die Gründung des *Antarctic Research Trust* (ART). Im Jahr 1997 habe ich gemeinsam mit Benno Lüthi und dem Ehepaar Corti, alle drei Tierfreunde aus der Schweiz, diese gemeinnützige Stiftung gegründet, deren wissenschaftlicher Direktor ich seither bin. Wir sammeln Daten über Pinguine und andere Bewohner der Subantarktis, vor allem auf den Falklandinseln und in Südamerika, aber auch in Neuseeland und der Antarktis. Das tun wir nicht für die Schublade, sondern immer mit dem Ziel, die Überlebenschancen der Tiere zu verbessern. So konnten wir zum Beispiel zeigen, dass die Magellanpinguine östlich von Argentinien sehr nahe der Küste nach Norden schwimmen – genau dort, wo traditionell auch der gesamte Schiffsverkehr fuhr. Im Schulterschluss mit anderen Nichtregierungsorganisationen haben wir erwirkt, dass alle mit Öl und anderen gefährlichen Stoffen beladenen Schiffe diesen Korridor auf dem kürzesten Weg durchfahren und dann jenseits der Wanderrouten der Pinguine weiterfahren müssen. Seitdem sterben deutlich weniger Pinguine an dieser Küste.

Pinguine haben es von Jahr zu Jahr schwerer, daran können wir als Einzelpersonen leider nichts ändern. Wir können weder den Klimawandel noch die legale Fischerei stoppen, geschweige denn die illegale. Es ist auch sinnlos, die Regierung der Falklandinseln davon abhalten zu wollen, nach Öl bohren zu lassen – auch wenn das ökologisch natürlich wünschenswert wäre. Ich bin Pragmatiker. Wo ich nichts ändern kann, kette ich mich an keinen Öltanker. Stattdessen suche ich nach Mitteln und Wegen, das mitzugestalten, was ich ändern kann. Auf den Falklandinseln bin ich Teil eines beratenden Gremiums, das Naturschutzrichtlinien für die geplanten Ölbohrungen entwirft. Mit dem *Antarctic Research Trust* versuchen wir Archen zu bauen. Fünf kleine Inseln des Falkland-Archipels haben wir bereits gekauft. Nun sind wir dabei, die Eilande Rum, Brandy, Whiskey und Sea Lion Easterly zu Reservaten zu machen, damit die einmalige Artenvielfalt der Falklands zumindest dort erhalten bleibt, Hummock Island renaturieren wir. So schaffen wir Schutzräume, die unabhängig von wirtschaftspolitischen Interessen sind. Die Projekte des ART laufen sehr unbürokratisch und erfolgreich ab, und darauf bin ich stolz.

Niemand wird mich je über meine Arbeit jammern hören. Mein Beruf als Meeresbiologe ist außerordentlich vielseitig. Ich frickele an Peilsendern, ich lese gespeicherte Daten aus Fahrtenschreibern aus und ziehe daraus Schlüsse, ich arbeite in großartiger Natur mit den lustigsten Tieren der Welt. Der Zauber dieser charaktervollen Vögel nutzt sich nicht ab – auch nach fast drei Jahrzehnten amüsiere ich mich königlich mit meinen Forschungsobjekten und bin jeden Tag aufs Neue fasziniert. Ich bin froh, dass ich nicht Deichschafe auf ihren Hormonstatus im Frühsommer hin untersuchen muss. Auch wenn ich dann deutlich kürzere Anfahrtswege hätte und endlich wieder regelmäßig Handball spielen könnte. Mein Job verlangt mir und meiner Familie viel ab. Bis zu vier Monate im Jahr verbringe ich auf Reisen, um zu forschen und Expeditionen zu leiten. Wie die Pinguine pendele ich zwischen zwei Welten: In Bremervörde bin ich Familienvater, Ehemann und Schreibtischbiologe.

Auf der Südhalbkugel lege ich wilden Tieren kleine Geräte an und suche Landestellen an sturmgepeitschten Felseninseln vor den südchilenischen Fjorden. Etwa acht Wochen im Jahr verbringe ich zusätzlich damit, Touristengruppen durch die spektakulären Landschaften der Antarktis zu führen. Auch das macht mir Freude, so kann ich den Menschen meine Liebe zu diesem einzigartigen Lebensraum und seiner Tierwelt vermitteln. Denn nur was man liebt, das schützt man auch. In diesem Sinne schreibe ich auch dieses Buch: Wer die Zusammenhänge versteht, der kann auch dementsprechend handeln. Denn Pinguine brauchen Freunde – nicht nur auf YouTube.

Bremervörde im August 2018 Klemens Pütz

TEIL I

PINGUINE AN LAND

Paarungszeit in der Antarktis

Sie schießen fast senkrecht aus dem Wasser. Es knallt und klatscht, es spritzt und zischt. Pinguinen beim Landen zuzugucken, ist unterhaltsamer als jedes Fernsehprogramm. Jede Welle spuckt neue Vögel auf die Eiskante. Sie purzeln, stolpern, rutschen weiter, manche landen kopfüber, andere kommen gekonnt auf den Füßen oder dem Bauch auf, prallen auf wie ein Flummi und nutzen den Schwung der Brandung gleich zum Fortkommen. Weg, nichts wie weg von den Gefahren, die im Meer lauern. Und hin, nichts wie hin zu den anderen. Ein runder Kopf guckt einige Meter weiter aus dem Wasser wie das Monster von Loch Ness, ein grün-schwarz gefleckter Seeleopard mit Zähnen scharf wie Rasiermesser. Er wartet nur auf einen günstigen Moment. Neben den Orcas und Seelöwen ist dieses Tier der einzige antarktische Räuber, der erwachsenen Pinguinen wirklich gefährlich werden kann. Also nichts wie raus aus dem Wasser und hin zur Kolonie.

Pinguine sind nicht nur ungern allein, sie haben es auch fast immer eilig. Auch und vor allem zur Paarungszeit. Der

Sommer ist kurz im tiefen Süden, die Vögel müssen sich ranhalten, wenn sie ihr Brutgeschäft erfolgreich absolvieren wollen. Es gibt jede Menge zu tun und für die Ausübung der langen Liste an Pflichten nur wenig Zeit. Den Großteil des Jahres verbringen sie auf See, um zu fressen. Eines Tages dann im Frühling geben Licht und Hormonstatus ihnen das Signal, dass es Zeit ist, heimzukehren und sich einen Partner zu suchen. Wie genau sie es schaffen, den Ort ihrer Schlupfgeburt jedes Jahr wiederzufinden, ist noch immer ungeklärt. Landschaftsprofile und der Magnetismus der Erde spielen dabei vermutlich eine wichtige Rolle. Ab dem Betreten des heimatlichen Bodens tickt für paarungswillige Pinguine die Stoffwechseluhr, denn ab diesem Moment beginnt das große Intervallfasten. Balzen, Brüten, Junge aufziehen – all das erledigen die Frackträger in frenetischer Aktivität und ohne an Land auch nur den kleinsten Snack zu sich zu nehmen. Was für ein Stress!

Kaiserpinguine sind faszinierende Tiere. Ihr Brutzyklus ist derart komplex, dass Forscher mehrere Jahrzehnte gebraucht haben, um die Logik seines Ablaufs zu verstehen. Für den unbedarften Beobachter benehmen sich diese Tiere völlig rätselhaft: Sie kommen und gehen stets im Frack daher, stets gemeinsam, wie auf ein unsichtbares Kommando hin. Zu einer Konferenz oder Beerdigung? Wohl nicht, aber was dann? Das Verhalten von Tieren zu entschlüsseln ist mühsam und langwierig – sie setzen sich ja nicht zu einem und erzählen, was sie heute so vorhaben und warum. Es bedarf geduldiger und ausdauernder Beobachtung, um sich einen Reim darauf zu machen.

Erst im Jahr 1953 ließ sich das Rätsel um das Brutverhalten der Kaiserpinguine abschließend lösen, und das mehr oder weniger durch Zufall. Der Engländer Bernard Stonehouse lebte und arbeitete damals für zwei Jahre als Meteorologe auf einer britischen Antarktisstation. Das Schiff, das ihn zum Dienstschluss abholen sollte, konnte wegen dichten Packeises die Station nicht erreichen, und so musste er unfreiwillig verlängern. Während seines dritten Winters in der Antarktis baute er sich ein Iglu und studierte den Brutzyklus in einer nahe gelegenen Kaiserpinguinkolonie. Er legte damit den Grundstein des Verständnisses, das wir heute von Kaiserpinguinen haben, und schulte anschließend an der Universität Oxford auf Pinguinforscher um.

Pinguine sind alle gleich – und alle verschieden. Wenn ich in diesem Buch vom Verhalten der Pinguine spreche, dann ist das immer mit Vorsicht zu genießen. Die verschiedenen Arten unterscheiden sich zum Teil erheblich, eine oder auch mehrere Ausnahmen, die die Regel bestätigen, finden sich immer, und vollständig abbilden lässt sich in der Biologie ohnehin gar nichts. Den großen Zyklus des Paarungs- und Brutverhaltens will ich anhand der Kaiserpinguine erklären, weil sie durch Filme wie *Die Reise der Pinguine* zum Pinguin-Prototypen geworden sind und vielen Menschen als der »klassische Pinguin« vor Augen stehen. Das macht es ein wenig kompliziert, denn der Kaiser bildet in vielem die Ausnahme. Wo immer es spannende Unterschiede gibt, komme ich darauf zu sprechen.

Dieses Buch ist also ein Versuch, vom sonderbaren Verhalten der Pinguine zur Paarungszeit zu erzählen.

In der Regel sind es die Männchen, die zuerst eintreffen. Der frühe Vogel ist in diesem Fall klar im Vorteil, denn wer zuerst da ist, belegt die besten Plätze in der Kolonie. Kaiser- und auch Königspinguine bauen keine Nester, aber sie kennen ihren Standort dennoch sehr genau. Sobald sie aus dem Wasser kommen, watscheln sie direkt zum bewährten Treffpunkt. Wenn alles gut geht, haben sie dort ein Date mit der Partnerin vom Vorjahr. Das klappt nicht immer gleich gut, auch Pinguine sind in Sachen Orientierung unterschiedlich begabt. Vor allem die Kaiser haben es schwer. Nicht nur, dass sie keine Nester bauen – das Terrain, auf dem sie brüten, verändert sich auch noch von Jahr zu Jahr, denn das Meereis ist ständig in Bewegung. Aber dazu an späterer Stelle mehr.

Andere Arten wie zum Beispiel die sehr viel kleineren Adeliepinguine – übrigens romantischerweise von dem französischen Entdecker Jules-Sébastien-César Dumont d'Urville nach seiner Frau Adèle benannt – sind stark an ihre Nester gebunden. Sie finden ihren persönlichen Steinhaufen unter Hunderttausenden von Kieselburgen wieder. Kaum eingetroffen, beginnen die Männer umgehend mit dem Frühjahrsputz. Heißt: Steine heranschleppen und das Nest auf Vordermann bringen. Wenn die Partnerin an Land kommt, muss die Bude hübsch sein. Esels-, Adelie- und Zügelpinguine bauen richtige kleine Festungen. Als Baumaterial wird verwendet, was das Gelände hergibt, durchaus auch Schneckenhäuser, Knochen, Gras oder herumliegender Müll. Mann ist da nicht wählerisch. Auf gar keinen Fall fehlen aber dürfen die Kiesel am Boden, zu Drainagezwecken. Nur so sind die Eier, die zu legen der ganze Zweck dieser Baumaßnahmen ist, vor Regen- und Schmelzwasser geschützt.

Magellanpinguine sind die Dachse unter den Pinguinen. Auf den Falklandinseln, auf denen ich viel Zeit verbringe, nisten sie in Torfhöhlen. Wenn ich im September, also zu südfrühlinghafter Nestbauzeit, dort bin, sehe ich oft braune Staubgeysire über den Hügeln aufsteigen. Das ist Herr Magellan, der gerade renoviert. Mit Schnabel, Flippern und Krallen scharrend wird ein neues Kinderzimmer gebaut. Er lebt in einer Gefahrenzone, denn auf den Falklands wird ein herumwandernder Mensch oft ungewollt zum Einbrecher. Der Boden ist so feucht, dass man beim Darüberlaufen ruckzuck mit dem Fuß einbricht und ohne Anmeldung bei Magellans im Wohnzimmer steht, und das bis zum Oberschenkel. Dementsprechend empört fällt die Reaktion der Hausbesitzer aus. Magellanpinguine haben scharfe Schnäbel, das kann unangenehm werden. Unter normalen Umständen ist ein Magellanpinguin aber ein freundlicher, eher scheuer Zeitgenosse, der gern nichts als den Kopf aus seinem Bau herausstreckt, um zu beäugen, was draußen vor sich geht. Dabei legt er den Kopf schief, erst auf die eine, dann auf die andere Seite, um sich ein dreidimensionales Bild der Lage machen zu können.

Zurück zur Nestbausaison. Sobald das Haus für die zu gründende Familie auf Vordermann gebracht ist, stehen die Männchen mit geschwellter Brust am Nest und erwarten die Ankunft ihrer Göttergattinnen. Kaiser- oder Königsmännchen, die keine Nester bauen, hoffen, am richtigen Fleck zu stehen und gefunden zu werden. So oder so: Ein gesunder Pinguinmann sieht zu diesem Zeitpunkt prächtig aus. Das Weiß der frisch gemauserten Brust schimmert in der Sonne wie Perlmutt, und darunter zeichnet sich ein wohlgenährtes Muskelpaket ab.

Die Damen treffen etwa zwei Wochen nach den Herren ein. Auch sie stolpern, klatschen und taumeln an Land – und dann geht umgehend ein Knattern, Tröten und Keckern los, das jedes menschliche Trommelfell das Fürchten lehrt. Sie stolzieren in Richtung Kolonie und singen, was das Zeug hält. In den Gehörgängen der hormonseligen Pinguine ist dieser ohrenbetäubende Lärm reine Musik. Jede einzelne Lady lässt ihre unverwechselbare Stimme erklingen, und jedes erwartungsfrohe Männchen antwortet voller Begeisterung. Es ist wirklich wahr: Paare vom Vorjahr erkennen einander unter Hunderttausenden von Vögeln, die allesamt aus vollem Halse kreischen. Jedes Tier trötet mit einer unverwechselbaren individuellen Klangsignatur. Auch Eltern und Küken finden einander später auf diese Weise wieder. Das ist schon sehr beeindruckend. Verbinden Sie sich mal in einem Stadion voller grölender Fußballfans die Augen, und versuchen Sie, anhand der Stimme Ihren Partner zu finden. Für Pinguine kein Problem.

Subantarktische Wohngemeinschaften

An vielen Orten schreien nicht nur die Pinguine durcheinander, sondern zusätzlich auch noch etliche andere Arten. Gerade in der Subantarktis, auf den Falklandinseln oder auf Südgeorgien bietet sich mir jedes Jahr im Südfrühling ein überwältigendes Schauspiel. Denn dann sind

Subantarktis
Auf etwa fünfzig Grad Süd liegt die antarktische Konvergenz, ein Gebiet, in dem das kalte antarktische Wasser des Südpolarmeeres auf wärmeres Wasser aus dem Norden stößt. Die subantarktischen Inseln befinden sich rund um den Globus im Bereich dieser Zone. Das Gebiet ist reich an Nährstoffen und Mikroorganismen, die das ganze Netz des Lebens nach sich ziehen – ein wichtiger Lebensraum für viele Tiere, die an der Konvergenz auf Nahrungssuche gehen.

alle da. In den *Furious Fifties*, den »rasenden Fünfzigern«, ist dann Hochsaison. Ein altes Seglersprichwort sagt: Jenseits des fünfzigsten Breitengrades gibt es kein Gesetz, und jenseits des sechzigsten keinen Gott. Irgendwann muss er aber doch mal da gewesen sein, denn was man in den Breitengraden der berüchtigten Stürme zu sehen bekommt, sieht aus wie die Schöpfung am ersten Tag.

Für mich gibt es nichts Schöneres, als an einen Stein – oder noch besser: an ein sonnenwarmes Büschel Tussockgras – gelehnt dem Treiben zuzuschauen. Am Strand liegen die Seeelefanten. Ein Bulle von vier Tonnen oder mehr, mit einem seltsam anmutenden überdimensionalen Riechorgan im Gesicht, bewacht seinen Harem, Anfang Oktober werden die Babys geboren. Während diese Fellwürste mit ihren großen Kulleraugen am Strand vor sich hin stoffwechseln und wachsen, geht der Bulle weiter seiner Pflicht nach und begattet ein Weibchen nach dem anderen. Angenehm sieht das nicht aus. Das Weibchen ist etwa drei Tonnen leichter, der Bulle stinkt und stöhnt und furzt dabei, und am liebsten möchte man als Beobachter eine Nummer wählen und Missbrauch melden. Aber alles spielt sich genauso ab, wie es sich gehört.

Weiter oben am Hang, auf einem Felsvorsprung hoch über dem Atlantik, tanzt ein Albatrospaar seinen Balzwalzer. Die Schwanzfedern weit gespreizt, wiegt das Pärchen sich im Rhythmus einer Musik, die nur die beiden hören, selbstvergessen schnäbelnd heben und senken sie ihre untertellergroßen Watschelfüße auf den Stein. Die Szene hat etwas von einem verliebten Pärchen auf dem Schulhof – die Großen knutschen, die Kleinen gucken zu.

Ein Felsenpinguin hat sich ganz in der Nähe postiert und scheint das Paar gebannt zu beobachten. Regungslos steht er da, sein gelber Kopfschmuck flattert im Wind, und die Sonne lässt seine Augen rubinrot aufleuchten. Noch ist er allein. Ein Blauaugenkormoran kommt vom Himmel getrudelt und stört mit seiner rumpeligen Landung die Ruhe des Voyeurs, der das Aufgestöbertwerden prompt mit einem Schnabelhacker quittiert. Kormorane sind fleißige Bauherren, auch dieser hat den Schnabel voll mit Nistmaterial. Die Felsenpinguine auf den Falklandinseln teilen ihre Kolonien gern mit Albatrossen und Kormoranen. Ihre Topfnester bieten den Schopfpinguinen, die selbst nur kleine Mulden graben, einen guten Windschutz. Wenn die ursprünglichen Eigentümer sie irgendwann verlassen, oft erst nach Jahrzehnten, wird der leer stehende Wohnraum auch gerne übernommen: Ein Felsenpinguinpärchen, das auf einem verlassenen Albatrosnest vor sich hin brütet, ist ein häufiger Anblick. Einer von beiden sitzt dann auf dem Ei, wichtig aufgeplustert und mit stoischem Gesichtsausdruck, und der andere steht als Bodyguard daneben.

Der Schwarzbrauenalbatros von nebenan ist damit beschäftigt, sein Nest zu mauern. Mit dem Schnabel klopft er Kot und Stroh zu einer perfekten Lehmwand zusammen; der Klackerrhythmus der mauernden Albatrosschnäbel ist der dumpfe Beat dieser gemischten Wohngebiete in den Felsamphitheatern über dem Ozean. Darüber knattert, quietscht und hupt es aus Tausenden von Kehlen – der Pegel braust auf und ebbt wieder ab, Wellen von Verliebtheit, Empörung und Aufregung branden durch die Kolonie.

Wenn ich so dasitze und dem Leben beim Leben zuschaue, dann gibt es diesen Moment, in dem nichts mehr eine Rolle spielt. Den Punkt, an dem ich einfach zum Teil der Landschaft werde. Diese Tiere brauchen nichts und niemanden, auch mich nicht, sie sind vollständig angepasst an das, was ihre Umgebung ihnen abverlangt, sie sind absolut und ausschließlich dort, wo sie sind. Das ist ansteckend. Zeit wird relativ, sie wird wort- und gegenstandslos. Pinguinzeit.

Man könnte meinen, dass bei so vielen Lebewesen auf engstem Raum Chaos ausbricht. Aber das ist nicht der Fall. Auf YouTube kursiert zwar ein Video, in dem ein Seebär einen Pinguin vergewaltigt – erstaunlich: die Klickzahlen, die solche Videos generieren! –, aber so etwas ist die absolute Ausnahme. Friedliche Koexistenz der Arten ist die Regel, oder auch: herzliches Desinteresse. Die Küken sind noch neugierig, sie ziehen gerne los und gehen auf Erkundungstour durch die Kolonie. Die Alttiere reagieren eigentlich nur dann aufeinander, wenn ein anderer Mitbewohner der großen interkulturellen Wohngemeinschaft die naturgesetzlich vorgeschriebene Schnabellänge Abstand nicht einhält. Dann gibt es Haue. Diese Sprache versteht jeder.

Auch unterschiedliche Pinguinarten teilen sich oft denselben Lebensraum. Deshalb ist es gerade bei der Paarung wichtig, gut auf die Frisur zu achten. Abgesehen vom Gesang erkennen die Arten einander vor allem am Kopf, denn da sind die typischen Merkmale am besten zu sehen. Insbesondere auf See hat das seinen Sinn, da guckt dieser Körperteil meist als einziges aus dem Wasser.

Die sieben Arten der Schopfpinguine sehen sich untereinander recht ähnlich: Alle haben sie eine ziemlich wilde Frisur, bei der auffällige gelbe Schopffedern eine Rolle spielen. Die verschiedenen Schopfpinguinarten vermischen sich auch und zeugen zum Teil miteinander fruchtbare Nachkommen. Auf den Falklandinseln sehe ich oft Goldschopfpinguine unter den Felsenpinguinen sitzen. Sie sind ein bisschen stämmiger und im Style noch entschiedener, sie tragen die Schopffedern als dicke orangegelbe Tolle. Englische Seefahrer haben sie deshalb auch Macaronipinguine genannt, nach einer auffälligen Mode im 19. Jahrhundert, die auch in dem bekannten Lied »Yankee Doodle« besungen wird:

»Yankee Doodle went to town
A-riding on a pony.
Stuck a feather in his cap
And called it macaroni.«

Aber nicht nur der Kopfputz macht den Pinguin. Für den menschlichen Beobachter, der sich ein bisschen auskennt, sind die unterschiedlichen Arten meist schon von Weitem erkennbar. An der Größe, aber auch am Gang und am Charakter. Eselspinguine sind recht ängstlich, an Land haben sie es immer ganz besonders eilig. Sie kommen stets nervös, dabei aber breitbeinig daher und pendeln stark hin und her. Wenn sie vom Wasser aus an Land wollen, schwimmen sie schon mal eine ganze Stunde unschlüssig hin und her, um sicherzugehen, dass auch ja alles in Ordnung ist. Felsenpinguine, auch »Rockhopper« genannt, brüten an Felsküsten und bewältigen im Hopseschritt die erstaunlichsten Steigungen. In kleinen Grüppchen kraxeln sie unerschütterlich bergauf und bergab, davon kann sich jede Bergziege ein Scheibchen abschneiden. Dazu beugen sie den Oberkörper weit nach vorne und ziehen dann ruckartig die Füße nach. Das gibt ordentlich Muckis, und die sieht man auch.

Magellanpinguine sind Sonderlinge. Sie stiefeln am liebsten allein in kleinen, säuberlichen Trippelschrittchen aus dem Wasser, stellen sich dann aber gerne betont unbeteiligt zu anderen Arten dazu. In der Nachbarschaft von Eselgrüppchen fühlen sie sich sicher. Könige und Kaiser haben ordentlich Selbstbewusstsein. Sie bewegen sich zügig aus dem Wasser, und an Land respektive auf dem Eis stolzieren sie aristokratisch einher.

Das große Balzen

Ob mit Frisur oder ohne, ob Single oder verheiratet – ums Balzen kommt in der Pinguinkolonie niemand herum. Wer je eine Fernbeziehung geführt hat, kennt das: Die Bindung will gefestigt und die Liebe gefeiert sein, sonst hält die Sache nicht. Die Pinguine haben im Schnitt ein halbes Jahr getrennt voneinander auf See verbracht, wenn sie zum großen Frühlingsfest an Land kommen. Ohne Skype, WhatsApp und E-Mails bleibt ihnen fürs Werben und Lieben nur das kurze Zeitfenster, das die Evolution ihnen dafür einräumt. In der Regel sind das etwa zehn Tage bis zwei Wochen. Die kleinen Adelies in der Antarktis haben den straffesten Zeitplan aller Pinguine – ihnen bleiben nur achtundvierzig Stunden. Auch nicht groß anders als bei uns: Das Timing muss stimmen.

Zwei Liebende, die einander gefunden haben, gehen in die Vollen. Sie machen sich lang, recken die Körper gen Himmel, blähen die Brust, strecken den Hals und schlagen waagerecht mit den Flügeln, um ihre Begeisterung zu bekunden. Die schallt in Form ihres typischen Rufes in die Welt, der bei jeder Art anders klingt. Allen gemeinsam ist jedoch das typische Himmelwärtsstrecken des Kopfes, ekstatisches Aufrichten genannt. Genau das ist es auch. Die Partner in spe beglücken einander mit ihrem Sound, und sie stecken die umstehenden Paare mit ihrem Überschwang an. Das Ergebnis ist eine La Ola der akustischen Wonne, die durch die Kolonie rollt. Dann wird es sinnlich. Besonders bei Kaiser- und Königspinguinen ist dieses Schauspiel edel anzusehen.

Das Paar steht voreinander, Bauch an Bauch, die schwarzen Köpfe mit den gebogenen Schnäbeln einander zugeneigt. Feierlich wie auf einem Maskenball entspinnt sich der Tanz. Auch unter Pinguinen hat die Balz viel mit der Optik zu tun. Königs- und Kaiserdamen achten zum Beispiel sehr auf die Farbe der Bäckchen ihres Partners. Schön kräftig muss sie sein, bei den Kaisern gelb, bei den Königen orange. Die sogenannte Mandibularplatte an der Unterseite des Schnabels ist quasi das Sixpack dieser beiden größten Arten, ein sicherer Fitnessindikator. Hat der erfolgreiche Bänkelsänger die Gunst seiner Dame gewonnen, streicht er mit dem Schnabel über die Bäckchen seiner Angebeteten. Beide schmiegen die Schnäbel aneinander, wie Verliebte das eben tun. Newcomer erkennt man daran, dass sie ungelenk ihre Köpfe hin- und herschwenken. Bei den erfahreneren Liebhabern finden die Schnäbel einander wie von selbst, sie streichen aneinander entlang und folgen den sanften Wölbungen der royalen Körper. Dabei lassen sich die Pinguine unendlich viel Zeit, es ist, als würde die Welt um sie herum versinken. Ist ein Turtelzyklus abgeschlossen, neigt man den Kopf und verbeugt sich voreinander – eine Geste, die Pinguine lieben.

So jedenfalls der Idealfall, eindrücklich besungen in *Die Reise der Pinguine*. In der Realität ist immer auch ein bisschen Dorfdisko dabei. Das Männchen baut sich auf, Bauch rein, Brust raus. »Hier bin ich, meine Schöne, willst du mich haben?« Und dann kommt, auch nicht anders als bei uns, meistens erst mal einer vorbei, der Ärger macht. Der Störenfried ist entweder ein Jungspund, der das erste Mal auf Partnersuche ist, oder es sind alleinstehende Damen oder Herren, die es leid sind, auf ihren spät heimkehrenden Partner zu warten. Das Leben auf See ist voller Gefahren, so manche(r) stellt bei der Heimkehr fest, dass er oder sie übers Jahr verwitwet ist. Trauer ist nicht angezeigt, es gilt, sich schnellstmöglich nach einem neuen Partner umzuschauen.

Weder nett noch niedlich – die Wahrheit über Pinguine

Auch ohne Todesfälle ist es mit der Treue der Pinguine nicht so weit her, wie wir Menschen das gerne hätten. Wir lieben und pflegen so einige Mythen, die die schicken Zweibeiner betreffen, denen wir uns so ähnlich fühlen. Nicht selten tun wir das an Stellen, die mehr über uns Menschen und unsere Ideale und Wünsche aussagen als über die Tiere. Ein Märchen, das sich besonders hartnäckig hält: Pinguine sind treu. Und monogam. Und das auch noch lebenslang.

Wir Pinguinforscher können uns da den Mund fusselig reden und das Gegenteil beweisen, so oft wir wollen – es wäre doch einfach zu schön. Die Wahrheit ist: Ja, es gibt auch treue Pinguine. Doch in den meisten Fällen nur für eine Saison. Pinguine sind hingebungsvolle und auch beeindruckend gleichberechtigte Eltern. Aber sobald der Nachwuchs aus dem Haus ist, sind sie kein Stück besser als wir Menschen. Die Scheidungsrate von Jahr zu Jahr ist hoch, bei Kaiserpinguinen liegt sie sogar bei bis zu achtzig Prozent. Das hat, wie gesagt, damit zu tun, dass sie, wie auch ihre königlichen Verwandten, keine Nester bauen. So fehlt selbst willigen Paaren ein zuverlässiger Treffpunkt. Die kleineren Arten sind etwas treuer, aber ganz generell gilt: Wahre Tugend ist unter Pinguinen in dieser Hinsicht nur schwer zu finden. In Sachen Monogamie sollten wir Menschen uns andere Vorbilder suchen. Albatrosse oder Raubmöwen sind da sehr viel besser geeignet.

Das mit der mangelnden Treue im Reich der Pinguine liegt auch daran, dass die Weibchen oft zu spät kommen. Die Brutsaison ist im tiefen Süden extrem kurz, die Zeit drängt, da darf frau den Partner nicht zu lange warten lassen. Sobald die Ladys an Land gegangen sind, ist Damenwahl angesagt. Die läuft bei Pinguinen nach dem Windhundprinzip ab: Wer zuerst kommt, mahlt zuerst. Die Wochen des Balzens sind daher nicht nur die Zeit großer Hoffnungen, sondern auch die Saison der Tragödien und Prügeleien. Eine Dame, die unterwegs aufgehalten wurde und dann beim Eintreffen ihren Gatten beim Turteln mit einer anderen erwischt, ist selten zimperlich. Immer wieder beobachte ich, wie märchenhaft anmutende Schönheiten dann binnen weniger Sekunden zu Furien werden. Da wird gepickt und gehackt bis aufs Blut, geprügelt und verdroschen.

Wer leer ausgeht, kann aber durchaus noch auf seine oder ihre Kosten kommen, denn Pinguine gehen ganz gerne mal fremd. Im Fernsehen Seifenopern anzugucken ist nicht mein Ding, aber in der Pinguinkolonie macht es einen Riesenspaß, die Irrungen und Wirrungen zu verfolgen. Königspinguinmännchen haben nicht selten zwei, manchmal sogar drei Partnerinnen hintereinander in einer Brutsaison. Die jeweils Gehörnte muss dann zusehen, wie sie den Nachwuchs allein großzieht. Ohne Kindergeld. Meistens geht das dann auch nicht gut aus – Küken von alleinerziehenden Pinguinen sterben häufig einen frühen Tod. Ein Elternteil allein kann einfach nicht genug Nahrung herbeischaffen.

»Was immer ein Pinguin tut, hat Individualität. Er breitet sein ganzes Leben vor dem Betrachter aus. Er kann nicht davonfliegen. Und da er putzig ist in allem, was er tut, aber noch mehr, weil er immer mit der größtmöglichen Courage gegen die Elemente kämpft, wird er nicht als ein normaler Vogel angesehen – sondern manchmal als pathetisch, manchmal als lustig, unternehmungslustig, ritterlich oder frech – und immer, es sei denn, man lenkt einen Hundeschlitten, als ein willkommener und in mancher Hinsicht fast menschlicher Freund.«[1] Diese von mir frei übersetzten, in meinen Augen sehr treffenden Zeilen stammen von Apsley Cherry-Garrard, einem jungen Briten, der in den Jahren 1910 bis 1913 an Scotts Terra-Nova-Expedition in die Antarktis teilnahm und unfreiwillig zu einem der ersten Pinguinforscher überhaupt wurde. Die Tradition, Pinguine zu vermenschlichen, ist also durchaus alt. Wir Menschen machen das mit allen Tieren, die wir lieben – Nachbars Lumpi guckt ja auch immer so traurig, wenn sein Frauchen zur Arbeit geht, und freut sich wie ein Schneekönig, wenn sie wiederkommt. Fast reflexhaft schreiben wir Tieren menschliche Gefühle zu – wahrscheinlich ist das auch ein Ausdruck von Sympathie. Wir machen sie damit zu Gleichgesinnten und Freunden.

Die Wissenschaft hat sich lange dagegen gesträubt, Tieren Gefühle zuzugestehen. Ich denke, Emotionen haben die Funktion, den Fühlenden zum Handeln zu bewegen. Wir alle sind mit Spiegelneuronen ausgestattet, die uns in beschränktem Maße Einblick ins Seelenleben unseres Gegenübers ermöglichen. Das ist auch bei Säugetieren so. Ich gehe daher davon aus, dass sie in vielen Fällen ähnlich empfinden wie wir. Bei Vögeln, und damit auch bei den Pinguinen, sieht die Sache nach meinem Ermessen aber etwas anders aus. Als direkte Nachkommen der Dinosaurier gehören sie gattungsgeschichtlich doch eher zur weiteren Verwandtschaft. Ich bin der Letzte, der Pinguinen Gefühle abspricht. Sicherlich hat ein Pinguinalttier, das sein Küken verliert, ein Gefühl dazu. Und vielleicht entspricht dieses Gefühl auch der Trauer, die wir selbst empfinden würden. Aber ich möchte darauf hinweisen, dass wir nicht wissen können, was genau Tiere fühlen und wie sie es tun. Wir können Verhalten beobachten und es interpretieren. Wenn ein Kakadu losplappert, sobald sein Besitzer von der Arbeit kommt, dann kann es gut sein, dass er dabei so fröhlich ist, wie Herrchen das interpretiert. Wenn allerdings ein Pinguinelternteil sein Küken nicht vor den tödlichen Schnabelhieben der Nachbarn rettet, obwohl sich das Ganze nur wenige Meter entfernt abspielt, dann ist das nicht unmoralisch. Es ist einfach so, wie es ist, denn Moral ist eine menschliche Kategorie. Pinguine verleiten uns dazu, unser Innenleben auf sie zu übertragen – sie sind uns Menschen einfach furchtbar sympathisch. Ihr Äußeres, der aufrechte Gang, ihr tragikomisches Verhalten, das jeden Clown alt aussehen lässt. Bei Kakerlaken kämen wir eher nicht auf die Idee, so zu denken.

Ich bin Wissenschaftler, deshalb muss ich mir selbst ständig klarmachen: Wenn ich meinen Forschungsobjekten Gefühle unterstelle, dann ist das meine Interpretation.

In dieser Hinsicht ist Verhaltensforschung ein bisschen wie Kontakt mit Außerirdischen. Aber auch ich neige permanent dazu, Pinguine zu vermenschlichen – in meinen populärwissenschaftlichen Vorträgen und auch in diesem Buch. Weil sich auf diese Weise bestimmte Verhaltensweisen einfach eingängiger erklären lassen. Weil es Spaß macht. Und weil ich sie mag.

Sodom und Gomorrha in der Kolonie

Wir vermenschlichen also unsere fracktragenden Freunde. Aber nicht nur das: Wir idealisieren sie auch, wir schieben ihnen all die Eigenschaften unter, die wir selbst gerne hätten. Einiges davon ist wahr: Kuschelgruppen und Gleichberechtigung zum Beispiel gibt es wirklich. Aber bei unseren vermeintlichen Vorbildern kommt durchaus auch all das vor, wovon wir mit Sozialgrusel in der Klatschpresse lesen.

Prostitution zum Beispiel ist bei Adeliepinguinen durchaus üblich. Bezahlt wird das kälteste Gewerbe der Welt in Steinen, denn die stehen in der Kolonialwirtschaft hoch im Kurs. Der Hintergrund ist dieser: Nistende Pinguindamen erwarten als Brautgeschenk einen Kieselstein. Sie sind geradezu verrückt nach Steinen. Für die Herren bedeutet das den puren Stress. Ein Stein muss her, koste es, was es wolle. Um an das begehrte Baumaterial zu kommen, scheuen sie auch weite Wege nicht, bis hin zu dem Nest am anderen Ende der Kolonie, aus dem sich die schönsten Kiesel klauen lassen. Während Herr Pinguin auf Beutezug geht, muss er seine Angebetete wohl oder übel allein lassen. Wenn der gelangweilten Liebsten in dieser Zeit ein Junggeselle mit ansehnlichem Stein im Schnabel über den Weg läuft, dann lässt sie sich nicht lange bitten - Hauptsache, der Stein bleibt, wenn der Liebhaber wieder abzieht.

Mit den Kuckuckskindern nicht genug: Auch Leichenschändung und Pädophilie wurden schon beobachtet in der Pinguingesellschaft. Das liegt keineswegs am viel beschworenen Sittenverfall; ausnahmsweise war früher mal nicht alles besser. Schon der Brite George Murray Levick, ebenfalls ein Teilnehmer der berühmten Scott'schen Antarktis-Expedition, hat das alles im Jahr 1912 aufgezeichnet. Der arme Kerl musste in einer Eishöhle überwintern. Um dabei nicht den Verstand zu verlieren, begann er, Adeliepinguine zu beobachten. Über das, was er da zu Gesicht bekam, führte er Tagebuch. Er beschrieb »kleine Gruppen von Hooligans« von »erschreckender Verdorbenheit«, die sich am Rand der Kolonie zusammenrotteten, um unschuldige Küken zu belästigen.[2]

Levick war, wie wir alle und natürlich auch wie alle Pinguinforscher, ein Kind seiner Zeit. Die von ihm als pervers empfundenen Pinguine brachten ihn derart in Verlegenheit, dass er diesen Teil seiner Forschungsergebnisse auf Altgriechisch verfasste. Auf diese Weise wollte er sichergehen, dass kein unschuldiges Auge beleidigt wurde. Glückliche, treue Paare im Sonntagsstaat waren da schon eher etwas, wovon sich der *Royal Geographical Society* trefflich berichten ließ - ein folgenschweres Märchen, das bis heute gern weitererzählt wird. Erst im Jahr 2012 tauchten Levicks altgriechische Aufzeichnungen wieder auf, ein Zufallsfund im National History Museum in Tring, Großbritannien.

Die von Levick begründeten tugendhaften Pinguinprojektionen prägten den Blick der ihm folgenden Forschergenerationen auf die Vögel. Erst in den Sechzigerjahren stieß das Lotterleben der Pinguine auf wissenschaftliches Interesse. Es ist sicher kein Zufall, dass es die ersten Forscherinnen in der Antarktis waren, die die sexuelle Freizügigkeit der Pinguindamen beobachteten. Der gesellschaftliche Diskurs spiegelt sich eben auch in der Verhaltensforschung wider.

Schwule Pinguine und andere Märchen

Ein weiterer Mythos, an dem die Menschen besonders hängen, ist der von den schwulen Pinguinen. Als Pinguinforscher muss ich mit schöner Regelmäßigkeit Medienanfragen zu diesem Thema beantworten. Meistens passiert das zum Weltpinguintag, am 25. April. Den haben amerikanische Forscher von der antarktischen McMurdo-Station ins Leben gerufen. Sie hatten beobachtet, dass die dort ansässigen Adeliepinguine jedes Jahr pünktlich am 25. April ihre Kolonie verlassen und ins Meer aufbrechen. Dieser Jahrestag ist für die Presse immer ein guter Anlass, um ein Gespräch mit mir zu führen. Oder wenn irgendein Zoo wieder einmal eine Pressemitteilung über schwule Pinguine herausgegeben hat. Im Zoo Bremerhaven zum Beispiel gab es ein »schwules« Pärchen, das sogar ein Küken adoptierte. Ein gefundenes Fressen für die Journalisten, die ihre Panoramarubriken füllen mussten. Sensation! Dabei kommt so etwas gar nicht mal so selten vor. Pinguinmänner – und im Übrigen auch Pinguinfrauen – ticken in dieser Hinsicht wie fast alle anderen Vögel auch: Wenn zur Paarungszeit kein Partner des anderen Geschlechts zugegen ist, dann tun sie es halt miteinander. Sie üben quasi für den Ernstfall. Bei Jungtieren vor allem ist das gang und gäbe, nicht nur im Pinguinreich. Sobald der Hormonspiegel nachlässt, werden die anderen Jungs und Mädels wieder uninteressant. Konrad Lorenz hat das alles schon vor Jahrzehnten an Graugänsen erforscht. Die Bücher dieses großen Verhaltensforschers hat meine Mutter mir schon im Vorschulalter als Gutenachtgeschichte vorgelesen. Das fand sie viel spannender als Rotkäppchen.

Auch das Verhalten, das wir als Sex mit Toten oder mit Küken interpretieren, fällt in die Kategorie »Praktikum«. Ich habe das auf einer meiner ersten Feldforschungsreisen auf den Crozetinseln im Südpazifik selbst beobachten können: Ein Königspinguin, der nach monatelangem Schwimmen im Meer kaum noch laufen konnte, torkelte an Land. Entweder war er erschöpft, oder er hatte sich den Bauch zu sehr vollgeschlagen, oder seine Laufmuskeln waren durch das viele Schwimmen aus der Übung geraten – jedenfalls kam er keinen einzigen Schritt weit und blieb bewegungsunfähig am Strand liegen. Jedes, aber auch jedes Männchen, das an ihm vorbeiwatschelte, rutschte einmal drüber über den wehrlosen Kerl. Das kann man nach unseren kulturellen Maßstäben schockierend finden und Vergewaltigung nennen. Oder man verzichtet auf die moralische Komponente und beobachtet einfach, was passiert: Da sind Tiere, die in diesem Moment einem Instinkt folgen, der ihnen einen heftigen Befehl erteilt – ihr Sperma zu verteilen. Um sicherzugehen, beglücken sie damit alles, was auch nur im

Entferntesten nach Pinguin aussieht. Dazu zählen tote Artgenossen ebenso wie Kamerataschen oder Forscherbeine.

Mit den schwulen Pinguinen ist es ein bisschen so wie mit den ach so treuen Partnern: Die Menschen sehen, was sie gerne sehen wollen. Im Jahr 2009 habe ich der Süddeutschen Zeitung in einem Interview dieses Phänomen auch so ähnlich erklärt wie in diesem Buch. Seitdem weiß ich, wie sich ein Shitstorm im Internet anfühlt. Ich solle doch bitte die Tiere nicht in ihrer sexuellen Orientierung diskriminieren! Die Heftigkeit, mit der da reagiert wird, wundert mich schon manchmal. Es geht doch um Vögel.

Aber sei's drum. Vielleicht sind Pinguine doch die besseren Menschen. Denn sie lieben, wen oder was sie gerade vor sich haben. Bedingungslos.

Hochzeit in der Kälte

Anders als bei vielen anderen Vogelarten, bei denen meist das Männchen deutlich auffälliger gekleidet ist, gibt es bei Pinguinen keine ausgeprägten äußerlichen Unterschiede zwischen den Geschlechtern. Die Männchen sind in der Regel etwas schwerer und haben den größeren Schnabel, aber der Unterschied ist so gering, dass er nur deutlich wird, wenn sie direkt nebeneinanderstehen. Selbst mir fällt es nach fast dreißig Jahren noch schwer, Männchen und Weibchen auseinanderzuhalten, und bei Eselspinguinen funktioniert es gar nicht. In der Balzzeit ist es allerdings recht eindeutig: Irgendwann ist das Männchen oben.

Wenn der Moment gekommen ist, auf den das ausgiebige Werben hinarbeitet, macht sich der unterschiedliche Charakter der verschiedenen Pinguinarten deutlich bemerkbar. Der König tritt sein Weibchen recht unromantisch in den Rücken, damit es sich hinlegt. Felsenpinguine sind da schon zärtlichere Verführer: Da wird gekrault, geknabbert und gelockt.

Der eigentliche Akt ist nicht wirklich von Eleganz. Pinguine haben, ganz vogeltypisch, keine Genitalien – auch hier ist also kein Geschlecht erkennbar –, sondern sogenannte Kloaken, eine Art Allzwecköffnung unter dem Schwanz. Hier kommt alles raus, was den Körper verlassen soll. Der große Moment besteht also darin, dass zwei Liebende ihre Kloaken aneinanderdrücken. Ergo: Das Männchen muss irgendwie auf dem Körper des Weibchens zu liegen kommen. Auch wenn sie schon wie hingegossen erwartungsfroh im Nest liegt, ist das in etwa so einfach, wie zwei Flaschen aufeinanderzulegen, so hat es mein Kollege Boris Culik mal sehr treffend beschrieben. Das Männchen steht zunächst auf dem Rücken seiner Auserwählten; sie reckt den Schnabel hoch, wird beknabbert und liebkost. Dann schiebt sich das Männchen langsam rückwärts über den Rücken des Weibchens, dabei zittert es mit den Flügeln. Beide schieben ihre Schwänze aus dem Weg, und dann klappt das Ganze, früher oder später.

Diese Umarmung ist bei den Eselspinguinen besonders ausgeprägt. Sie sind die Latin Lovers unter den Pinguinen. Theatralisch heben sie die die bebenden Flügel, umfassen damit den Körper ihrer Gattin und streichen ihr dabei beständig über die Rückenfedern. Ist das Werk vollbracht, steigt der Göttergatte vorsichtig wieder ab, läuft um seine Liebste herum, hält inne, schaut ihr tief in die Augen und verbeugt sich tief.

Die Partnerin blinzelt, nickt, schüttelt den Kopf und sortiert dann weiter ihr Nest.

Adelies sind mehr so die mechanischen Typen, das Nötige wird schnell erledigt, ohne viel Aufmerksamkeit füreinander. Überhaupt gilt: Je kälter die Umgebung, desto höher auch hier der Zeitdruck. In jedem Fall aber wird die

Prozedur mehrfach wiederholt, um sicherzugehen, dass sie erfolgreich war.

Die verschiedenen Pinguinarten sind zeitversetzt am Werk, weil sie unterschiedlich lange brauchen, um ihre Jungen großzuziehen: Während die kleinen Adelies sich paaren, sind die Küken der schwergewichtigen Kaiser in der Nachbarschaft bereits drei Monate alt.

Immer gibt es Pinguine, die keinen Partner finden und leer ausgehen. Diese Singles halten sich meist am Rand der Kolonie auf. Das hat einen einfachen Grund. Ein Gang durch die Kolonie ist der reinste Spießroutenlauf. Pinguine sind nun wirklich keine Einzelgänger, aber ein Minimum an Privatsphäre fordern sie, wie schon gesagt, ein: eine Schnabellänge Abstand. Wenn die nicht eingehalten wird, werden sie ungemütlich. Das kann sogar so weit führen, dass Küken, die früh geschlüpft sind und unternehmungslustig durch die Kolonie streifen, von Nachbarn totgehackt werden, wenn sie sich nicht rechtzeitig in Sicherheit bringen können. Die Singles – meistens sind es Männchen –, die am Rande der Pinguingesellschaft abhängen, suchen eine Zeit lang noch weiter nach einer Partnerin. Irgendwann geben sie aber auf. Die Partnersuche ist ja hormongesteuert. Wenn der Pegel sinkt, lässt der Paarungsdrang nach, der Junggeselle vagabundiert ein bisschen herum, verbringt viel Zeit im Meer, kommt aber immer mal wieder an Land. So ganz allein will er doch nicht sein. In der Regel mausern diese Tiere im kommenden Jahr dann früher als die anderen und verbringen auch mehr Zeit auf See, wo sie sich für die nächste Saison Kraft anfressen können. Dann werden sie die frühen Vögel sein und voll im Vorteil.

Pinguine sind nicht nur unter sich romantisch, sie machen sich auch ganz hervorragend als Hochzeitsgäste. Meine Frau Andrea und ich haben im Januar 2001 auf Sea Lion Island geheiratet, einer winzig kleinen Insel im äußersten Südosten der Inselgruppe der Falklands, die für ihre große Seeelefantenkolonie bekannt ist. Ich kannte die Insel, weil ich dort zwei Jahre zuvor schon mit Felsenpinguinen ge-

Die Falklandinseln

Die britisch besiedelten Falklandinseln liegen im Südwestatlantik, etwa fünfhundert Kilometer nordöstlich von Feuerland, zwischen 51 und 53 Grad Süd. Zwei Hauptinseln werden durch einen etwa zwanzig Kilometer breiten Sund getrennt, um sie herum gruppieren sich rund vierhundert kleine Inseln, nur wenige davon sind bewohnt. Mit etwa zwölftausend Quadratkilometern entspricht die gesamte Inselfläche knapp der Größe von Schleswig-Holstein.

Etwa dreitausend Menschen leben auf den Falklands, circa 2600 davon in der Hauptstadt Stanley auf Ost-Falkland.

Die Inseln werden immer internationaler: Neununddreißig Nationen sind heute vertreten. Auf jeden Falkländer kommen etwa zweihundert Schafe, denn bis in die Achtzigerjahre lebten die britischen Siedler vorwiegend von der Schafzucht. Seit dem Falklandkrieg 1982 sind die Inseln durch den Verkauf von Fischereilizenzen zu Wohlstand gekommen. Das durchschnittliche Pro-Kopf-Einkommen liegt über dem von Liechtenstein. Währung ist das Falkländische Pfund, das an die britische Währung gekoppelt ist.

Die Inseln haben den Status eines britischen Überseeterritoriums, Staatsoberhaupt ist die Queen.

arbeitet hatte. Um von der Hauptstadt Stanley aus nach Sea Lion Island zu kommen, waren wir in den typischen FIGAS-Flieger gestiegen, das ist der staatlich subventionierte Lufttaxidienst, der die einzelnen Inseln anfliegt. Rote Schmuckstücke mit dem Charme der Sechzigerjahre, so richtige Buschflugzeuge. Mir macht es immer großen Spaß, damit zu reisen. Vor dem Einstieg werden erst einmal alle Passagiere auf die Waage gestellt, damit dann das Gewicht ordentlich verteilt werden kann. Meine im fünften Monat schwangere Freundin wurde also auf einen strategisch günstigen Platz gesetzt. Nach der Landung klapperten wir im typischen Landrover weiter über Torf und Moor bis zum Hochzeitsfelsen. Richtige Straßen gibt es nur auf den beiden Hauptinseln. Meine Zukünftige kämpfte sich tapfer bis zum Rockhopper Point, auf dem ich unsere Hochzeitszeremonie geplant hatte. Andrea hatte mir bei ihrem ersten Besuch auf den Falklandinseln bereits bei der Felsenpinguinforschung geholfen und war dementsprechend begeistert von den kleinen Punks.

Die Trauung war eines Pinguinforschers würdig. Mein Kumpel und Trauzeuge Edgar hatte einen Tisch auf den Rockhopper Point geschleppt, darauf stand eine Vase mit Blumen. Hundert Meter unter uns tobte der Ozean, über den sich an dieser Stelle ein Felsentor spannt wie ein Triumphbogen. Einen Standesbeamten hatten wir eigens einfliegen lassen, und als Trauzeugin fungierte Jenny, die Betreiberin der Lodge, in der wir unsere Hochzeitsnacht verbringen wollten. Sie hatte die improvisierte Kapelle auf den Felsen liebevoll dekoriert.

Wir hatten Glück. Just zur Zeremonie kam die Sonne heraus, und so konnten wir uns bei strahlendem Sonnenschein das Jawort geben, umringt von Felsenpinguinen und Blauaugenkormoranen und ihrem zustimmenden »krk krk«.

Wer hatte wohl je eine besser gekleidete Hochzeitsgesellschaft? Auch in Sachen Büfett war alles ganz unkompliziert. Es gab nur Fisch, und alle waren zufrieden. Noch mehr Glück: Der Wind stand so, dass das Guano-Parfum unserer Gäste aufs Meer hinauswehte.

Im Anschluss an die Zeremonie rumpelten wir im Landrover weiter zu den Seelöwen und Seeelefanten, zum romantischen Posieren für die Hochzeitsfotos. Ich liebe diese Tiere, obwohl sie doch deutlich weniger Anstand als Pinguine haben. Sie stinken fürchterlich, vor allem, wenn sie rülpsen und furzen. Das tun sie viel und gern, auch für Feierlichkeiten machen sie da keine Ausnahme. Gut, dass die Fotos weder Gestank noch Geräuschpegel dokumentieren.

Antarktische Abenteuer – wie die Kaiserpinguine mein Leben veränderten

Es war viel Glück im Spiel bei meiner Berufung zum Pinguinforscher, aber es gab auch ein paar gute Gelegenheiten, die ich beherzt ergriffen habe. Ursprünglich wollte ich Tierarzt werden. Schon als Kind habe ich alle Tiere im Wald und von der Straße aufgelesen, die mir entgegenkamen. Molche, Frösche, entlaufene Schildkröten und Meerschweinchen und entflogene Wellensittiche zogen bei uns ein. Die meisten Tiere sammelte ich im Klostergarten der Steyler Missionare neben unserem Haus ein, und schon bald wurde aus unserem Garten ein Ort für eine semiprofessionelle Sittichzucht. Ich war kein ambitionierter Schüler, deshalb musste ich auf meinen Studienplatz in Tiermedizin warten. Die Zeit vertrieb ich mir als Hilfstierpfleger im Zoo, mit einer Ausbildung an der höheren Handelsschule und später dann als medizinisch-technischer Assistent und mit einem Biologiestudium an der Freien Universität Berlin. Mit der Tiermedizin wurde es dann nichts mehr, stattdessen verschlug es mich zum Hauptstudium nach Kiel: Meeresbiologie.

Den Moment, in dem meine Pinguinkarriere ihren Lauf nahm, werde ich nie vergessen. Die Heizung bollerte, es war mollig warm, und nichts in meinem Leben deutete auf Pinguine hin. Es war ein typisch norddeutscher Schietwedderabend im Oktober 1989, ich stand in meiner Kieler Studentenküche und war gerade dabei, mir ein Bier zu öffnen, als das Telefon klingelte. Boris Culik war am Apparat, ein Mitarbeiter des Instituts für Meereskunde. »Das Alfred-Wegener-Institut plant eine Expedition in die Antarktis, und der Typ, der die Pinguine untersuchen sollte, ist abgesprungen. Wenn dich das interessiert, dann meld dich doch mal bei denen.« Durch meinen Körper ging ein Ruck. Boris wusste, dass ich auf der Suche nach einem Thema für meine Doktorarbeit war. Antarktis - und ob mich das interessierte! Am nächsten Morgen sprang ich in aller Frühe in meinen klapprigen Toyota und fuhr nach Bremerhaven, um mich am Alfred-Wegener-Institut vorzustellen. Schneller als ich gucken konnte hatte ich die Zusage für einen Job, auf den andere jahrzehntelang hinarbeiten.

Heute weiß ich, dass vor allem zwei Dinge den Ausschlag dafür gegeben haben, sich für mich und nicht für andere vergleichbare Bewerber zu entscheiden. Erstens: Meine Arbeitserfahrung als Tierpfleger. Das wies mich als jemanden aus, der keine Angst vor großen Tieren hat. Objekt des Forschungsprojekts sollten Kaiserpinguine sein, und die sind ziemliche Brocken. Sie haben messerscharfe Schnäbel, das liegt nicht jedem. Zweitens: Ich konnte basteln. Das hatte ich ein paar Wochen zuvor einem Kollegen am zoologischen Institut völlig unbeabsichtigt vorgeführt, der sich dann später für mich einsetzte. Ich hatte mit meinem schwächelnden Walkman bei ihm vorbeigeschaut, weil ich wusste, dass er einen Lötkolben im Büro herumstehen hatte. Der Walkman tat es schnell wieder, und so hatte ich mal eben nebenbei unter Beweis gestellt, dass ich mit elektronischen Geräten und ihren Tücken umgehen kann – eine Schlüsselkompetenz, wenn man in der Antarktis mit Magensonden und Fahrtenschreibern arbeiten soll.

Dann ging alles ganz schnell. Ehe ich mich versah, war ich bereits mit drei mir völlig unbekannten Männern nach Ushuaia im argentinischen Feuerland geflogen und auf einen Forschungseisbrecher gestiegen, der uns in Richtung Antarktis bringen sollte.

Ich sehe mich noch an Bord der Polarstern stehen – im Winter 1989 das modernste Polarforschungsschiff der Welt –, an die Reling des obersten Decks gelehnt, meinen einwandfrei laufenden Walkman in der Hand und Pink Floyd in den Ohren, um nicht durchzudrehen. Mein Lieblingsort auf dem Schiff war damals schon der Punkt oberhalb der Brücke: Von dort hat man eine wunderbare Aussicht. Die Buckelwale, die ihre massiven Körper halb aus dem Wasser katapultieren und beim Abtauchen ihre typische eingekerbte Fluke zeigen, auch Minke- und Finnwale tauchen immer wieder auf. Mittlerweile fahre ich seit fast dreißig Jahren jährlich in die Antarktis und habe genug Übung, um die verschiedenen Wale an ihren Rückenflossen und auch am »Blas« zu erkennen. So nennt man die Fontäne, die entsteht, wenn sie ihre Ausatemluft in die Luft prusten.

Wir hatten bereits eine Woche Schiffsreise hinter uns und gerade Weihnachten auf hoher See gefeiert, als ich zum ersten Mal das Eis sah. Ich hatte die letzten Wochen wie auf Autopilot gelebt, in rasender Geschwindigkeit meine Diplomarbeit zu Ende gebracht und meine Sachen für die Dienstreise ins ewige Eis gepackt. Beim Anblick meines ersten Eisbergs war ich komplett überwältigt, und mir war nur noch eines klar: dass mir gar nichts mehr klar war. Eine große Stille breitete sich in mir aus.

Das Erlebnis »Eis« ist schwer in Worte zu fassen. Jeder Versuch klingt platt und geht unweigerlich an der eigentlichen Erfahrung vorbei. Das Eis ist alles und nichts. Es ist so massiv, dass es Passagierschiffe zum Kentern bringt, und gleichzeitig ist es permanent im Wandel und in Auflösung begriffen. Eisberge bilden hochhaushohe Blöcke, sie treiben als Schlösser und Burgen auf dem Wasser, mit Toren, Zinnen und Fenstern. Skulpturen, die sich kein Mensch ausdenken kann. Das Eis führt jeden Erfahrungswert ad absurdum, aus jeder Perspektive sehen die dahintreibenden Gebilde anders aus als erwartet. Eis hat die unterschiedlichsten Farben. Weißes Eis ist jünger und weniger dicht als blaues, sehr altes und dichtes Eis wirkt für unsere Augen fast schwarz. Das Eis wechselt ständig die Farbe. Bei trübem Wetter schimmert es grünlich und wirkt massiv, bei Sonne ist es das pure Licht. In den langen Dämmerstunden der Mitternachtssonne flammt es geradezu auf, in Lila, Orange und Grün. Es ist immerzu in Veränderung, ein Zauber, der sich nicht abnutzt. Das Beste: Dieses Märchenland ist bewohnt. Und ich liebe vor allem die bewohnten Exemplare: flach geschmolzene Veteranen, auf denen sich in smaragdgrünen Pools Robben räkeln und Pinguine planschen. Die Vögel nutzen Eisrutschbahnen als Startrampen oder ruhen sich auf treibendem Packeis aus, Schneesturmvögel lassen sich für ein Päuschen nieder. Und dazwischen spielen die Buckelwale.

Für die Seefahrt sind Eisberge allerdings eine ernst zu nehmende Gefahr. Nur etwa ein Siebtel dieser schwimmenden Wunderwerke ist über Wasser zu sehen – und man weiß nie, wie sich die oberhalb sichtbare Form unter Wasser fortsetzt. Gebührender Abstand ist daher Pflicht, wenn man nicht wie die Titanic enden will. Eisberge können auch ohne jede Vorwarnung auseinanderbrechen oder sich drehen, das geht dann sekundenschnell. Die Flutwellen, die dabei entstehen, können lebensgefährlich sein.

Jean-Baptiste Charcot, ein französischer Polarforscher, soll einmal gesagt haben: »Worin liegt die merkwürdige Attraktion der polaren Regionen, so stark, so packend, dass man, kaum zurückgekehrt, schnell die Müdigkeit von Körper und Seele vergisst und nur davon träumt, wieder dorthin zu kommen?« Eine Antwort darauf habe ich nicht, ich weiß nur: Es geht mir genauso. Seit Jahrzehnten genieße ich das Privileg, jedes Jahr im Südsommer in die Antarktis und Subantarktis zu fahren. Wenn ich nach Hause komme, bin ich jedes Jahr wieder erst einmal fertig mit der Welt. Aber spätestens im September oder Oktober fange ich in meinem Haus in Bremervörde an, mit den Füßen zu scharren. Das ist der Antarktis-Virus. Ich habe nur selten jemanden getroffen, der dagegen immun ist.

Die größte Eiswüste der Erde tauchte fast beiläufig am Horizont vor uns auf. Ein ganzer Kontinent, von bis zu fünftausend Meter dickem Eis bedeckt. Von den ausgedehnten sub-

Antarktika – der siebte Kontinent

Antarktika ist der südlichste Kontinent der Erde. Zusammen mit dem ihn umgebenden Südpolarmeer bildet er das Südpolargebiet – die Antarktis. Die politische Grenze der Antarktis liegt auf sechzig Grad Süd. Die biologische Grenze bildet die antarktische Konvergenz, ein Strömungssystem auf etwa fünfzig Grad Süd. Die höchsten Temperaturen liegen im Sommer bei plus fünf Grad Celsius auf der antarktischen Halbinsel, die niedrigsten liegen bei über minus achtzig Grad Celsius im Landesinneren. In der Antarktis wüten die stärksten Stürme der Erde: 320 km/h wurden bereits gemessen.
Im Sommer ist Antarktika zweimal so groß wie Australien, im Winter wächst der Kontinent durch die Ausdehnung des Eises auf doppelte Größe an.
Die Nutzung der Antarktis ist seit 1959 durch den Antarktisvertrag geregelt. Er sieht vor, den Kontinent nur für friedliche Zwecke zu nutzen.

tropischen Wäldern, die vor etwa fünfzig Millionen Jahren diese Landmasse bedeckt haben sollen, war rein gar nichts mehr zu erahnen. Ich sah nichts als Weiß und Schwarz in allen Schattierungen: steil aufragende Granitketten und vergletscherte Bergketten, so weit das Auge reichte.

Die Antarktis ist der Kontinent der Superlative. Sie ist der entlegenste, der kälteste, der stürmischste, der trockenste, der isolierteste und der lebensfeindlichste Erdteil von allen – kein wirklich gemütlicher Ort, an dem unser Vier-Mann-Team die nächsten drei Monate verbringen sollte.

Wir hielten zunächst an der Neumayer-Station, der einzigen ganzjährig betriebenen deutschen Antarktisbasis, um

Versorgungsgüter abzusetzen. Dann setzte die Polarstern ihren Weg weiter fort in Richtung Südwest und spuckte uns am sogenannten Drescher-Inlet aus, einer Aussparung im Schelfeis im östlichen Weddell-Meer, benannt nach dem Robbenschläger James Weddell, der sich in den 1820er-Jahren als Erster bis hierher vorgewagt hatte. Das bedeutete, dass wir nicht auf dem Festland leben würden, sondern auf dem Schelfeis, einer Art verlängerten Gletscherzunge, die als bis zu zweihundert Meter dicke Eisplatte ins Meer hineinragt. Einmal täglich würden wir Funkkontakt mit der Polarstern haben, ansonsten waren wir ab diesem Zeitpunkt auf uns allein gestellt.

Das mit dem Eis ist, wenn man in den Polargebieten nicht so bewandert ist, erst mal verwirrend. Denn Eis ist nicht gleich Eis. Zum einen gibt es das Inlandeis der Antarktis – eine durchschnittlich zwei, an manchen Stellen bis zu fünf Kilometer dicke Eisdecke, die den gesamten Kontinent bedeckt. Nur etwa zwei Prozent der Antarktis sind im Sommer eisfrei. Diese Stellen liegen vor allem auf der antarktischen Halbinsel, einer Gebirgskette, die sich in Richtung Südamerika schiebt. Sie ist das letzte bisschen, das von der einstigen Landbrücke noch aus dem Wasser guckt.

Das Inlandeis ist Gletschereis, es wird permanent über den Rand des antarktischen Kontinents aufs Meer hinausgeschoben. Sobald es auf dem Wasser zu liegen kommt, spricht man von Schelfeis. Wenn durch die Nachrichten geht, dass in der Antarktis wieder ein gigantischer Eisberg abgebrochen ist, dann hat sich von diesem Schelfeis ein Stück gelöst. Das treibt dann als Tafeleisberg im Meer, gut zu erkennen an den bis zu hundert Meter hohen Wänden und scharfen Abbruchkanten.

Im Rossmeer lag jahrelang ein gigantischer Brocken einer Pinguinkolonie im Weg – das war das Vorbild für die dramatischen Ereignisse im Animationsfilm *Happy Feet*. Es kann Jahre bis Jahrzehnte dauern, bis Stücke solcher Größe schließlich ganz schmelzen. Die fantastischen, auf dem Wasser treibenden Kunstwerke aus Eis sind die letzten Reste solcher Riesen. Ihre unregelmäßigen Formen entstehen durch den Schmelzprozess. Eisberge bestehen immer aus

Flora und Fauna der Antarktis

Die Antarktis ist, anders als die Arktis, eine Landmasse, die steil aus der Tiefsee des Südpolarmeers aufragt. Landsäugetiere gibt es hier nicht – bis auf ein paar Forscher in gut geschützten Stationen.

Seevögel und Robben nutzen die Antarktis und das umliegende Packeis, um hier im Sommer ihre Jungen aufzuziehen. Im Winter verlassen sie das Gebiet. Nur wenige Tiere, wie zum Beispiel Weddellrobben und Kaiserpinguine, nutzen das die Antarktis umgebende Eis ganzjährig als Lebensraum.

Ständige Bewohner des Kontinents sind einige niedere Lebensformen wie Bärtierchen, Milben oder Springschwänze, auf der Antarktischen Halbinsel eine Mückenart.

Die antarktische Fauna ist überschaubar, es gibt nur zwei Blütenpflanzen: die Antarktische Schmiele (*Deschampsia antarctica*), ein Gras, und die Antarktische Perlwurz (*Colobanthus crassifolius*), ein Nelkengewächs. Sie kommen vor allem auf der antarktischen Halbinsel vor. Den überwiegenden Teil der Vegetation bilden Flechten, Moose, Algen und Pilze.

Süßwasser, man kann ganz hervorragende Eiswürfel daraus herstellen. Zum Sonnenuntergang auf Deck ein guter Whiskey auf Eisberg-Eis – besser geht's nicht.

Packeis hingegen, der Lebensraum der Kaiserpinguine, ist leicht salzig, denn es besteht aus gefrorenem Meerwasser, das beim Gefrieren den größten Teil seines Salzes verloren hat. Dicht zusammengedrängte Eisschollen lagern sich hier übereinander. Packeis schließt in der Antarktis oft direkt an das Schelfeis an, dadurch bildet sich eine Decke aus Meereis. Durch diese Ausdehnung des Eises wird der antarktische Kontinent im Winter doppelt so groß wie im Sommer. Dieses Wachsen und Schrumpfen des Lebensraums diktiert auch den Brutzyklus der Kaiserpinguine.

Kaiserpinguine leben ausschließlich in der Antarktis, insgesamt etwa dreihundertfünfzigtausend Brutpaare. Die Kaiser sind zum Prototyp der Pinguine avanciert, man hat fast den Eindruck, als dürften sie auf keinem Kalendertitelblatt fehlen. Verständlich: Sie sind einfach todschick. Die großen sind stylish, die kleinen quietschsüß. Ihr Verhalten wirkt auf uns Menschen so mystisch, dass sich dieser Faszination kaum jemand entziehen kann. Kaiserpinguine bilden allerdings unter den insgesamt achtzehn Pinguinarten in vielerlei Hinsicht die Ausnahme. So sind sie zum Beispiel die einzige Art, die ihre Eier im antarktischen Winter ausbrütet, bei Temperaturen von bis zu minus vierzig Grad Celsius und bei Windgeschwindigkeiten von über zweihundert Kilometern pro Stunde, also bei der unwirtlichsten Wetterlage, die man sich nur vorstellen kann. Alle anderen Arten beginnen ihr Brutgeschäft im Frühling, wie unsere Amseln und Spatzen zu Hause auch.

Kaiserpinguine sind nicht nur wunderschön, sie sind auch dankbare Forschungsobjekte: Sie sind groß, an Land nicht besonders schnell und haben keine Zähne. Andererseits brüten sie mitten im dunklen antarktischen Winter, und wer sie dabei beobachten will, muss in Kauf nehmen, sich ebendiesen Bedingungen auszusetzen. Die Forscher, die Anfang des 20. Jahrhunderts auf der Suche nach einem Kaiserpinguin-Ei waren, haben meinen ganzen Respekt. Ich stelle mir gern vor, was in den ersten Entdeckern vorgegangen sein muss, als sie im ewigen Eis auf Wesen trafen, die auf zwei Beinen liefen, Frack trugen und mitten in der Eishölle auf Eiern saßen und brüteten. Völlig absurd. Die Terra-Nova-Expedition (1910–1913) des britischen Entdeckers Robert Falcon Scott hatte unter anderem zum Ziel, der Royal Geographical Society das erste Kaiserpinguin-Ei zu bringen. Man hielt den Kaiserpinguin damals für einen besonders primitiven Vogel. Der in diesem Ei enthaltene Embryo sollte Beweise für Ernst Haeckels Rekapitulationstheorie liefern, die besagt, dass die individuelle Entwicklung eines Organismus quasi im Schnelldurchlauf die Stammesgeschichte der Art wiederholt. Gut, dass Apsley Cherry-Garrard und sein Team nicht ahnten, dass diese Theorie heute durchaus in Frage gestellt wird. Die Männer zogen durch Dunkelheit, Eis und Sturm und ließen in diesem Rennen um Ruhm und Ehre mehrmals fast ihr Leben. In Cherry-Garrards Buch *The Worst Journey in the World* lässt sich das ebenso eindrücklich wie unterhaltsam nachlesen.

Leben im Eis

»Polarforschung ist derzeit die sauberste und einsamste Art, eine schlechtere Zeit zu haben, als man sich überhaupt nur vorstellen kann.«[3] Dieser Satz, auch hier von mir frei übersetzt, stammt von Apsley Cherry-Garrard, der an Scotts Expedition zum Südpol teilgenommen hat. Er war einer der wenigen Glücklichen, die diesen Wahnsinn überlebten. Robert Falcon Scott verlangte seinen Männern einiges ab. Die armen Kerle mussten ihre vierhundert Kilo schweren Schlitten selbst ziehen und jeden Tag ihr Zelt neu aufbauen – und das bei Stürmen, die mit unerbittlicher Gewalt über sie hinwegfegten.

Wir Jungs vom Alfred-Wegener-Institut hatten es da, siebenundsiebzig Jahre später, vergleichsweise kuschelig. Das Drescher-Eiscamp ist eine temporäre Forschungsstation, so eine Art Campingplatz im Eis. Es stand an einer Stelle, an der das Riiser-Larsen-Schelf des Inlandeises einen zwanzig Kilometer tiefen Einschnitt hat. Diese windgeschützte Lage macht das Inlet zu einem relativ sicheren Standort, denn das Meereis, das an vielen Stellen fest mit dem Schelfeis verbunden ist, kann hier nicht so schnell aufbrechen. Ein Zelt hatten wir nur als Sichtschutz für die mobile Toilette dabei, ansonsten wohnten wir in gut isolierten Glasfaser-Iglus, die wir »Tomaten« nannten und bereits an Bord der Polarstern aus Einzelsegmenten zusammengezimmert hatten.

Wir hatten vier Tomaten: Eine diente als Funk- und Laborraum, eine als Küche und Aufenthaltsraum, und die beiden anderen bezogen wir jeweils zu zweit zum Schlafen. Ich teilte meine Tomate mit Horst alias Hotte, einem schwarzhumorigen Tierarzt mit einem unerschöpflichen Vorrat an Limericks, die er zu jeder Gelegenheit zitierte. Er forschte an Weddellrobben. Mit Richard, von uns Richy genannt, würde ich tagsüber Kaiserpinguine untersuchen. Wir hatten uns absichtlich so aufgeteilt, dass zwei, die gemeinsam eine Tomate bewohnten, nicht auch noch den ganzen Tag als Arbeitsteam miteinander verbringen mussten. Gruppendynamik kann eine heikle Sache sein in der Eiswüste, das war uns allen klar. Genauso wie die Tatsache, dass unser Überleben voneinander abhing. Im Grunde ist das wie bei den Pinguinen: Allein ist man geliefert, und das ziemlich schnell. Es gab eine stillschweigende Übereinkunft, über kleinere Ärgernisse hinwegzusehen und das eigene Ego zurückzustellen.

Unsere Küchentomate war zu Beginn der Expedition voll mit Vorräten: Edamer, Vollkornbrot, Zwiebeln, Eier, jede Menge gesponsertes Weizenbier – das zu meinem Glück den anderen nicht schmeckte –, Kartoffeln in Dosen. Unglaubliche Mengen an Essen. Nach und nach erfutterten wir uns mehr Platz in unserem Gemeinschaftsraum und erarbeiteten uns Raum zum Kartenspielen und für einen Fernseher ohne Empfang, dafür mit Videorecorder inklusive Filmmaterial. Unsere mitgebrachten Heizlüfter und der Campingkocher machten eine Bullenhitze, führten aber beim Kochen zu einem Problem: Sobald jemand die Tür aufmachte, und die eisige Luft von draußen hereinkam, fing es drinnen schlagartig an zu regnen. Das liegt daran, dass kalte Luft weniger Feuchtigkeit halten kann. Um solches Aprilwetter in der Küche zu vermeiden, führten wir die

Freiluftküche ein. Wir hatten eine Fritteuse und kochten, was vier Männer in der Antarktis halt so kochen. Drei bis vier Steaks verdrückten wir pro Person, jeden Abend, mühelos. Bei harter körperlicher Arbeit und Temperaturen von durchschnittlich minus fünfzehn Grad braucht man etwa siebentausend Kalorien pro Tag. Zum Frühstück aßen wir Brote, tagsüber lebten wir von Snacks. Eine der vielen Lektionen, die ich auf meiner ersten Südpolar-Expedition lernte: Schokoriegel sind im ewigen Eis eine dumme Idee – sie werden steinhart. Feuchtes Toilettenpapier übrigens auch.

Der lange Marsch

Meine erste Ankunft in der Antarktis fiel in den Januar. Die Paarungssaison der Kaiserpinguine lag also bereits ein Dreivierteljahr zurück, und ich bekam sozusagen die Ergebnisse zu sehen. Die meisten Tiere hatten die Kolonie bereits verlassen, einige standen noch an der Eiskante herum, und ein paar wohlgenährte graue Puschelküken planschten im Wasser. Hätten nicht viele Forschergenerationen vor mir unter großen Mühen bereits den Brutzyklus und das Verhalten der Kaiserpinguine entschlüsselt, ich hätte mir daraus kein Bild machen können.

So wusste ich: Ende Dezember, Anfang Januar haben die Kaiser den härtesten Winter hinter sich, den unser Planet zu bieten hat. Unter größten Strapazen haben sie ihre Küken bis zur Mauser gebracht. Für den Nachwuchs ist dieses Timing überlebenswichtig, denn nun, im Hochsommer, bricht ihm das Eis im wahrsten Sinne des Wortes unter den

Füßen weg. Es dauert wochenlang, bis es so weit ist, dann aber reißt das Packeis in Sekundenschnelle auf.

Dieses Phänomen ist mir einmal selbst fast zum Verhängnis geworden. Ich war gerade dabei, mit meinem Kollegen Richy an einem Pinguin eine Magenspülung vorzunehmen. Plötzlich war da ein Riss, direkt vor meinen Füßen. Er hatte sich lautlos gebildet und war einfach da, zwischen mir und dem Pinguin, den ich gerade um eine Magenladung Fisch erleichtern wollte. Ich brauchte eine Schrecksekunde, um zu begreifen: Das Eis bricht auf. Wie die geölten Blitze sprangen wir auf das Schneemobil, zogen gerade noch den Schlauch aus dem Pinguin und traten das Gaspedal durch. Mit aufheulendem Motor nichts wie weg, wir mussten auf sicheres Festeis kommen. Wir gaben Vollgas und jagten über Eisschollen, die sich bereits vom Festeis trennten und aufs Meer hinausdrifteten – ebenfalls mit erstaunlicher Geschwindigkeit. Ich hatte nur einen Gedanken im Kopf: Bitte nicht auf so einer Eisscholle enden. Ich hatte doch noch so viel vor.

Kaiserpinguine sind für einen schnellen Hopser ins Polarmeer deutlich besser gerüstet als wir Menschen. Allerdings haben auch sie gern unter Kontrolle, wann sie baden gehen und wann nicht. Zum Brüten wollen sie festen Boden unter den Füßen. Das ist auch der Grund für die mysteriösen Wanderungen, für die diese Tiere so berühmt sind. Um als Einzeltier überleben und den Nachwuchs aufpäppeln zu können, brauchen sie Krill. Der lebt in dichten Schwärmen unter dem Packeis, und deshalb darf die Eiskante nicht zu weit weg sein. Für den Erhalt der Art, für erfolgreiches

Brüten brauchen die Vögel unter ihren Füßen Eis, das hält, was es verspricht. Das Packeis in der Antarktis dehnt sich im Herbst aus, zum Teil viele Hundert Kilometer ins Meer hinein. Im Frühjahr, ab Oktober, zieht es sich wieder zurück. Das Küken darf nicht ins Wasser fallen, bevor es den ersten richtigen Taucheranzug angelegt hat. Deshalb will der Ort zum Brüten wohlgewählt sein, und auch das Timing muss perfekt stimmen. Wenn die Tiere im Mai, zu Beginn des Südwinters, aus den Weiten des Südpolarmeers angeschwommen kommen, gehen sie daher erst einmal auf Wanderschaft. Ziel sind die bewährten Brutplätze, windgeschützte Stellen mit relativ stabilem Eis, die erst dann aufbrechen, wenn das Küken bereits schwimmfähig ist. Zu diesen Orten machen die Tiere sich auf den Weg – erst die Männchen und etwas später die Weibchen. Die Kaiserpinguine wandern also in langer Prozession an einen sicheren Ort, den sie jedes Jahr wieder aufsuchen, bis zu zweihundert Kilometer weit.

In dem Film *Die Reise der Pinguine* wird der Eindruck erweckt, als wanderten sie ins Herz des Kontinents. Das ist aber missverständlich – sie bleiben immer auf dem Meereis. Wie gesagt: Während sie ihr strapaziöses Brutgeschäft hinter sich bringen, kommt ihnen die Eiskante sozusagen entgegengeschmolzen. Wenn sie dann durch sind, ist es bis zum nächsten Happen nicht mehr weit. Dem feierlichen Anlass entsprechend gekleidet, Stoiker vor dem Herrn, trotzen die gebeugten Gestalten Wind und Wetter und setzen einen Fuß vor den anderen. Bergsteigerqualitäten haben sie auch: Aufgeworfenes Meereis überwinden sie mit Einsatz von Krallen, Schnäbeln und Flügeln.

Pinguine haben kurze Beine, anatomisch gesehen laufen sie sozusagen mit heruntergelassenen Hosen – deshalb kann dieser epische Marsch mehrere Wochen dauern. Schneller als etwa anderthalb Kilometer pro Stunde wird man mit solchen Beinen einfach nicht. Um fixer voranzukommen legen die Tiere daher an abschüssigen Stellen auch gerne mal den Rodelgang ein. Der Bauch kommt dabei direkt auf dem Schnee zu liegen, sie stoßen sich mit Füßen und Schnabel ab und helfen mit gelegentlichen Paddelbewegungen der Flipper nach. Es sieht wirklich aus wie Schlittenfahren, und sie hinterlassen dabei tiefe Rillen im Schnee, das Ergebnis ähnelt einer Langlaufloipe. Diese sichtbaren Rillen können für Forscher sehr praktisch sein: Wer einen Kaiser sucht, braucht nur den Spuren zu folgen.

Meinen Kollegen Richy und mich hat das einmal in Teufels Küche gebracht. Für Forschungszwecke hielten wir einige Alttiere und Küken in einem kleinen Gehege in unmittelbarer Nähe der Station. Eines Tages war ein Küken ausgebüxt, mit einer Magensonde im Bauch, die wir gern wiederhaben wollten. Die loipenartigen Spuren waren im Schnee deutlich zu sehen, also hüpften wir ohne groß nachzudenken auf unser Schneemobil und hefteten uns an die Fersen des Ausbrechers. Ein paar Schneewehen weiter schlug das Wetter um – in der Antarktis geht das in Sekundenschnelle –, der Wind verwischte die Spur, und wir gerieten in ein sogenanntes Whiteout. So nennt man die Gemengelage, wenn vor lauter Helligkeit jeder Kontrast verloren geht und man keine Konturen mehr erkennen kann. Himmel und Erde sind dann nicht mehr zu unterscheiden, die ganze Welt ist blendend weiß. Oft kündigt ein Whiteout einen Schneesturm an. Wir hatten niemandem Bescheid gesagt und waren ohne die vorgeschriebenen Sicherheitsmaßnahmen einfach losgefahren. Ganz schön dämlich - Gott sei Dank ging es gut aus. Den Ausreißer haben wir nie wiedergefunden.

Familie Pinguin

Volle Gleichberechtigung? Unter Pinguinen eine Selbstverständlichkeit. Frühe väterliche Elternzeit stellt ein hervorragendes Papa-Bonding sicher, und dann klappt es auch später super mit der Arbeitsteilung. Vom großen Balzen habe ich schon erzählt. Bei den kleineren Arten spielt sich das in den Kolonien in direkter Nähe zum Meer ab, bei den Kaisern mitten im Eis.

Elternzeit im Eis und anderswo

Nach dem erfolgreichen großen Finale sitzt das Weibchen konzentriert herum, es produziert ein Ei. Das Männchen steht daneben und tritt wichtig von einem Fuß auf den anderen. Ein paar Tage nach der Paarung, Mitte Mai, wenn die Temperaturen so richtig schön frostig werden, legt die Kaiserin dann ein einziges Ei. Es folgt die spektakuläre Übergabe, die wir alle aus dem Dokumentarfilm kennen: Die Mutter manövriert das Ei unter allergrößter Vorsicht von ihren eigenen Füßen auf die des Vaters. Den Boden darf das Ei nicht berühren, bei einer Temperatur von weit unter null wäre das der Tod für den Embryo, und alle Mühe umsonst gewesen. Gegen eventuelles Wegrollen sind Pinguineier gut geschützt. Sie laufen spitz zu und rollen im Kreis. Felsenpinguine, die an steilen Hängen brüten, müssen allerdings trotzdem aufpassen.

Wenige Male nur hatte ich das Glück, dabei zu sein, als eine Pinguindame ihr Ei legte. Ein sonderbar intimer Moment. Sehr genau erinnere ich mich an eine Königspinguinmutter auf Crozet, es gab also keine Übergabe im Eis. Trotzdem war es bemerkenswert. Die Königin erhob sich, schlug mit den Flügeln – und da lag es: ein strahlend weißes Ei, nur ein klein wenig Blut klebte an der Schale. Die Mutter trat einen Schritt zurück, verbeugte sich vor ihrem Ei, stieß einen anerkennenden Zischlaut aus, drehte sich zum Kindsvater um und verbeugte sich erneut. Freudig erregtes Schnäbeln. Der frisch gebackene Vater erwiderte die Verbeugung und übernahm umgehend das Brutgeschäft – ja das Ei nicht auskühlen lassen.

Je nach Klimazone können Pinguineltern sich etwas mehr oder weniger Zeit mit der Übergabe lassen. Was aber die meisten Arten gemeinsam haben: Papa ist jetzt dran. Ist das Ei gelegt und sicher übergeben, wird es sorgsam in die Brutfalte bugsiert. Nur hier ist die Körpertemperatur von siebenunddreißig Grad gewährleistet, die der Embryo braucht, um zu reifen. Der Vater tut jetzt erst einmal nichts anderes als brüten. Muttern zieht nach erfolgreicher Eiablage erst mal mit den anderen Mädels los, um sich den Bauch vollzuschlagen – ihr steht der Sinn nach Krill und Tintenfisch, den Shrimps und Calamari des Südens. Kaiserpinguine haben einen weiten Weg zu den Nahrungsgründen, deshalb nimmt ein Kaiservater zwei Monate Pflichtelternzeit. Gehört, deutsche Wirtschaft? Erst dann kehrt die Mutter zurück, wohlgenährt und mit ordentlich Proviant für das Küken im Bauch.

Andere Arten, die mit weniger Eis zu kämpfen haben, verabreden sich auf sehr viel kürzere Zyklen und wechseln einander alle paar Tage oder Wochen ab. Bei den Schopfpinguinen zum Beispiel ist es der Vater, der nach erfolgreicher Eiablage erst einmal schwimmen und futtern geht. Er übernimmt ab etwa der Hälfte der Brutzeit, ist dann aber voll verantwortlich, bis das Küken in den Kindergarten geht.

Pinguine sind echte Südländer: Alles dreht sich um die Kinder. Anders als zum Beispiel Meeresschildkröten, die bis zu fünfhundert Eier legen und hoffen, dass eines davon durchkommt, setzen Kaiser- und Königspinguine alles, was sie haben, auf das eine Ei.

Andere Pinguinarten sind nicht ganz so risikofreudig. Die große Gruppe der Schopfpinguine – das sind die Punker mit den roten Augen – legt zwei Eier, und zwar nacheinander. Das erste ist in der Regel kleiner. Der Goldschopfpinguin ist besonders rabiat, Nummer eins wird aus dem Nest gekickt, sobald das zweite sicher gelegt ist. Felsenpinguine und Dickschnabelpinguine versuchen in der Regel, beide Küken großzuziehen. Die fünf anderen Arten liegen im Mittelfeld dazwischen und zeigen die unterschiedlichsten Varianten. Unter neuseeländischen Schopfpinguinen ist es zum Beispiel verbreitet, beide Küken schlüpfen zu lassen und dann das schwächere aus dem Nest zu werfen.

Was verwirrend wirkt, könnte einfach ein noch »unentschiedenes« Stadium der Evolution sein. Man vermutet, dass die Schopfpinguine sich dahingehend entwickeln, nur ein Junges großzuziehen, und wir derzeit den Übergang zu sehen bekommen. Die Eselspinguine hingegen gehen auf Nummer sicher, legen zwei Eier und haben ein drittes in petto. Der Einfachheit halber aber an dieser Stelle zurück zu den Kaiserpinguinen.

Kaiserküken sind Einzelkinder, und entsprechend intensiv fällt ihre Pflege aus. Zuerst einmal liegt das Ei einfach in Papas Brutfalte und reift vor sich hin. Brutfalten sind eine sehr praktische Erfindung, der Schlüssel zur pinguinischen Gleichberechtigung. Sie sind bei Männchen und Weibchen anatomisch gleich. Eine Art Längsschlitz im Federkleid, der oft auch deutlich am Unterbauch zu sehen ist. Die Brutfalte ist durch einen Muskel verschließbar und von innen nackt. So kommt das Ei und später auch das Küken direkt an gut durchbluteter elterlicher Haut zu liegen und wird dementsprechend zuverlässig gewärmt. Ansonsten ist der Pinguin nämlich durch seine Federn so gut isoliert, dass keine Wärme ans Ei kommen würde. Über das wohlplatzierte Ei wird dann der Rest des Körpers gegossen, die Federn leicht aufgestellt für optimale Thermik. Ab und an muss das Ei gewendet werden. Dazu erhebt sich der werdende Vater, beugt sich vor, dreht die Kostbarkeit vorsichtig um und schiebt sie wieder in die Brutfalte. Dann lässt er sich erneut darübersinken und vertieft sich in seine Aufgabe. Es gibt nichts anderes zu tun.

Im Juni leuchtet die antarktische Sonne ein letztes Mal auf und verschwindet hinter dem Horizont. Sie wird jetzt sechs Wochen lang nicht mehr aufgehen. In dieser klirrend kalten Dunkelheit können die Temperaturen bei Sturm auf bis zu minus fünfzig Grad sinken. Das einzige Licht über den Köpfen der Kaiserpinguine ist nun das Leuchten der Sterne und das Flackern der Südpolarlichter.

Überlebenswichtig ist für die Tiere in dieser Zeit ein Mechanismus, der immer wieder für Missverständnisse sorgt: Pinguine bekommen keine kalten Füße. Genauer gesagt: Sie haben natürlich kalte Füße, aber das macht ihnen rein gar nichts aus. Im Gegenteil. Wären Pinguinfüße warm, würden ihre Träger im dümmsten Fall im Schnee einsinken. Generell haben Pinguine selbst in der Antarktis selten das Problem, dass ihnen zu kalt wird – aber dazu an späterer Stelle mehr.

Der alleinerziehende Vater hungert während dieser Zeit und verliert ordentlich an Gewicht. Die Luft ist knochentrocken, und es fegen ihm Stürme von über zweihundert Kilometer pro Stunde um die nicht sichtbaren Ohren. Am Leben zu bleiben ist an sich schon eine unglaubliche Leistung. Die Tiere stehen das im wahrsten Sinne des Wortes einfach durch. Wenn es ganz dick kommt, stellen sich die brütenden Männer zu den berühmten »Huddles« zusammen – sie lassen dann alle Diskretion fahren, rücken dicht aneinander und wärmen sich gegenseitig. So senken sie ihren Energieverbrauch um knapp die Hälfte – jedenfalls die, die nicht im Wind stehen. Im Inneren des Huddles entstehen Temperaturen von bis zu siebenunddreißig Grad, während drum herum die Temperaturen in den zweistelligen Minusbereich fallen. Deshalb sieht man sogar Dampfwolken aufsteigen, wenn solche Kuschelgruppen sich auflösen. Die Pinguine auf der dem Wind zugewandten Seite des Huddles wandern außen um den Pulk herum und stellen sich in den Windschatten, dadurch wird dann die nächste Reihe der Pinguine dem Wind ausgesetzt. Wenn den frostgeprüften Frontmännern zu kalt wird, wandern sie ihrerseits nach hinten, wodurch wieder andere Tiere im Wind stehen. So bewegt sich ein Huddle im Laufe der Zeit durch die Bewegungen der einzelnen Pinguine nach und nach vom Wind weg. Zusätzlich rücken die Tiere in einem Huddle etwa alle dreißig Sekunden zusammen, in einer Art Miniruck, der an eine La Ola in einem Stadion erinnert. Viele Jungs auf einem Haufen halt.

Männer-Selbsthilfegruppen gut und schön – im Grunde sind Pinguine Egoisten vor dem Herrn. Sie leben zwar in zum Teil riesigen Kolonien und sind kaum je allein anzutreffen, aber das heißt nicht, dass sie besonders gesellig wären. Das Untertauchen in der Masse bedeutet für sie vor allem Schutz. Vor Kälte und vor Feinden. Jeder einzelne bekommt Angst, sobald er allein ist, und versteckt sich lieber in der Anonymität der Menge. Das ist im Tierreich nichts Ungewöhnliches, im Gegenteil: Es ist das Grundprinzip jedes Schwarms. Je mehr andere um mich herum, desto geringer die Wahrscheinlichkeit, dass sich der Seeleopard oder der Orca gerade mich zum Abendessen raussucht. Pinguine spielen ständig russisches Roulette. Ein typisches Bild: Ein Grüppchen Frackträger steht an der Eis- oder Felskante, alle beugen sich vor und gucken ängstlich, keiner will der Erste sein. Und sobald ein Mutiger den ersten Köpper macht, springen sie alle.

Pinguinkolonien sind keine sozialen Verbünde. Ihr Sozialleben ist nicht zu vergleichen mit dem von Walen oder auch Wölfen, bei denen es Hierarchien und Gruppenstrukturen gibt und die Tiere ein Leben lang zusammenbleiben. Pinguine brüten einfach nebeneinander und ignorieren ihre Nachbarn nach besten Kräften – ein bisschen wie in der Großstadt. Um den Partner und den Nachwuchs kümmert man sich, und den Rest der Welt bemerkt man vor allem, wenn er stört. So die gängige Lehrmeinung.

In letzter Zeit häufen sich allerdings die Hinweise darauf, dass Pinguine zumindest auf See durchaus auch kooperieren. Relativ neue Forschungsergebnisse zeigen, dass Eselspinguine bei der Nahrungssuche im Meer miteinander kommunizieren. Allerdings tun sie das über und nicht unter Wasser, das haben die Medien irrtümlich falsch verbreitet. Dazu sind die Stimmorgane von Vögeln nicht gebaut – Enten quaken ja auch nicht unter Wasser. Sie plaudern wohl eher einfach während der Ruhepausen, sitzen an der Wasseroberfläche herum und erzählen sich von ihren letzten Taucherfolgen.

Zurück zu den Küken. Vater Kaiser hat nun zwei klirrend kalte Monate lang gefastet und gebrütet. Nach gut fünfundsechzig Tagen, mitten im tiefsten Winter, ist dann eines Tages der große Moment da: Das Küken schlüpft. Bei Felsen- und Eselspinguinen, an denen ich seit vielen Jahren forsche, habe ich diesen Moment oft hautnah miterlebt. Schon ein paar Tage zuvor ändert sich die Stimmung in der Kolonie spürbar. Ein kaum wahrnehmbares Geräusch liegt in der Luft, die Küken nehmen schon aus dem Ei Kontakt mit dem Elterntier auf. Wenn die ersten Kleinen schlüpfen, ändert sich die Geräuschkulisse dann schlagartig. Es piepst und fiept, es knackt und pickt. Die Küken durchbrechen ihre Schalen, in der Kolonie haben viele am gleichen Tag Geburtstag. Je nach Windrichtung sind diese feinen Geräusche überraschend deutlich und weit zu hören.

So ein frisch geschlüpftes Küken ist rührend hässlich, so gut wie nackt, komplett hilflos und nur von einem kaum sichtbaren Flaum bedeckt. Der Dottersack baumelt ihm noch am Körperchen, er ist vergleichbar mit der Fruchtblase beim Säugetier, eine Art Notproviant für die ersten ein bis zwei Tage. Die winzigen Kugeln aus Haut und Flaum wiegen um die dreihundert Gramm und können wirklich rein gar nichts, außer den Schnabel aufmachen. Die Mutter ist im Idealfall kurz vorm Schlupf des Kükens zurückgekehrt. Das Neugeschlüpfte wandert quasi direkt von der Eierschale in ihre Brutfalte. In diesem mobilen Bettchen wird das Küken die ersten zwei bis drei Wochen gehudert, erst komplett bedeckt, dann immer weniger. Das sieht ziemlich witzig aus. Oft gucken nicht etwa die Köpfe, sondern die Bürzel aus dem elterlichen Bauch – die Kleinen haben es gerne schön warm am Kopf.

Das Kleine muss nun richtige Daunen entwickeln und braucht dafür ordentlich Energie in Form von Futter. Das schaffen die Eltern ran. Heikel ist, dass der kaiserliche Vater zum Zeitpunkt des Schlupfes seine letzten Reserven verbraucht hat. Er ist darauf angewiesen, dass seine Gattin pünktlich zwei Monate nach Eiablage wieder auftaucht, sonst sieht es für Vater und Küken schlecht aus. Das ist auch der Grund, warum Kaiserpinguine so sehr auf stabile

Wetter- beziehungsweise Eisverhältnisse angewiesen sind. Das Meereis hat jetzt, im September, seine größte Ausdehnung, die Mütter legen bis zu zweihundert Kilometer von den Jagdgründen bis zu ihrer Familie zurück. Wenn das Eis sich weiter ausbreitet als gewöhnlich, müssen sie noch weiter laufen, und jeder Tag geht auf das väterliche Stoffwechselkonto, das bereits überzogen ist. Vater Kaiser hat deshalb für den Notfall noch ein Ass im Ärmel: Die sogenannte Kropfmilch, ein Sekret, bringt das Küken über die ersten Tage, wenn Vaters leerer Magen schon nur noch Galle hergibt. Mit Milch wie bei Säugetieren hat das aber nichts zu tun. Spezielle Zellen an der Mageninnenwand produzieren diesen Powerdrink, mit dem das Küken die Tage bis zur Rückkehr der Mutter überbrücken kann.

Bei anderen Arten, die unter weniger extremen Bedingungen leben, ist dieser Moment des Rollenwechsels nicht ganz so heikel. Könige wechseln sich schon während des Brütens ab und betreiben dieses Modell weiter, bis das Küken in den Kindergarten geht. Dann ziehen beide Eltern los, weil das Küken nun rasant wächst und Massen an Futter braucht. Esels- und Magellanpinguine jagen nahe der Küste im flachen Wasser, sie gehen ganz klassisch morgens zur Arbeit und kommen abends wieder heim, dabei können sie sich gut abwechseln.

Wenn die Kaiserpinguindamen nach zwei Monaten endlich nach Hause kommen, geht ein echtes Spektakel los. Mütter und Väter erkennen einander am Klang der Stimme, und alle rufen und tröten und trompeten wie wild durcheinander und lassen ihre individuellen Töne erklingen, bis jede ihren Heimathafen gefunden hat. Die Mutter sieht ihr

Küken in diesem Moment zum ersten Mal, sie fängt sofort an zu singen und zu trällern – eine Melodie, die sich dem Küken tief einprägt. Der Vater ist nun seit fast vier Monaten auf Nulldiät und dementsprechend froh, dass die Liebste endlich zurück ist. Er hat fast die Hälfte seines Körpergewichts eingebüßt und keine Zeit mehr zu verlieren, der Hungerast treibt ihn in Richtung Meer. Er hat die weiteste Strecke überhaupt zurückzulegen, denn zu diesem Zeitpunkt hat sich die Ausdehnung des Meereises verdoppelt. Der Vatertagsausflug ist eine Veranstaltung ziemlich abgemagerter Jungs.

Die Mutter kommt im Idealfall fett und wohlgenährt zurück und übernimmt umgehend das Kommando. Von ihr bekommt das Küken jetzt die erste feste Mahlzeit. Wird sie aufgehalten oder ist ihr unterwegs etwas zugestoßen, ist das Küken verloren. Es wird dann sehr schnell immer müder und schwächer, und irgendwann legt es sich hin und schläft ein letztes Mal ein, das Gesicht im Schnee. Nicht schön, aber auch nicht selten. In den Pinguinkolonien der Antarktis liegen haufenweise erfrorene Küken rum, von der Kälte perfekt konserviert.

Während meines ersten Aufenthalts in der Antarktis habe ich verhungerte Küken eingesammelt und mit nach Kiel genommen, als Untersuchungsmaterial für die Forschung. Damals war das ganz unkompliziert, heute wird so etwas streng kontrolliert. Jeder, der Material jedweder Art aus der Antarktis mit nach Hause nehmen will, muss einen umfangreichen Antrag beim Umweltbundesamt stellen und genauestens begründen, was er damit vorhat. Eines meiner importierten Küken habe ich damals ausstopfen lassen. Es steht heute in unserer Wohnzimmervitrine in Bremervörde und ist schöner und flauschiger als jedes Steiff-Tier. Ich habe es Klaus Herbert getauft.

Wenn alles gut läuft, verhungert ein Küken aber nicht und landet auch in keiner Vitrine – sondern seine Geschichte geht jetzt erst richtig los. Inzwischen zeigt sich die Sonne wieder am Horizont, und im Laufe der ersten Wochen wächst den Pinguinkindern ein antarktistaugliches Daunenkleid, das sie gut warm hält. Bis hierhin spielt sich alles in etwa so ab, wie es auch in Filmen wie *Die Reise der Pinguine* oder *Happy Feet* dargestellt wird. Letzterer ist meiner Meinung nach übrigens ein richtig guter Film – super recherchiert. Auch die Charaktere passen zu den Pinguinarten. Musicalreif singende Kaiser wird man in einer echten Kolonie zwar lange suchen, hingebungsvolle Eltern sind sie aber absolut.

Die Kleinen sind echte Vielfraße, sie reißen die Schnäbel auf, zeigen dabei ihre borstigen Zungen und lassen ein Fiepen und Zwitschern hören, dass die Mutter einfach nicht anders kann: Sie beugt sich zu ihrem Küken hinunter und öffnet ihren Schnabel, so weit sie kann. Für den unbedarften Beobachter sieht es aus, als würde das Alttier das Küken fressen – denn das Kleine verschwindet förmlich im Schlund. Mama würgt ein paar Köstlichkeiten hervor, und der Nachwuchs bedient sich selbst.

Bei den subantarktischen Pinguinarten ist dies der große Moment der Scheidenschnäbel, einer in den dortigen Breiten häufigen Vogelart. Sie fressen alles, was andere Tiere so ausscheiden, und oft sind sie dabei ziemlich trickreich. Im Moment der Fütterung fliegen sie dem Elterntier in den Nacken, dieses würgt vor Schreck das Mittagessen am Küken vorbei, und schon liegt die Mahlzeit auf dem Boden. *Bon appétit*, Herr Scheidenschnabel! Den Pinguinen wird ja olfaktorisch viel nachgesagt, aber die wahren Stinker der Antarktis sind die Scheidenschnäbel. Sie übergeben sich zur Selbstverteidigung gerne mal im Schwall, und man tut gut daran, davon nichts abzubekommen – mir ist das auf Crozet einmal passiert, als ich einen Scheidenschnabel, der ohne Scheu auf mir herumhüpfte, zu fassen bekommen wollte. Den habe ich schnell wieder losgelassen. Der Gestank blieb lange haften. Pinguin-Guano ist Rosenduft dagegen.

Mit dem täglichen Krill aus dem mütterlichen Magen wird das Küken immer kräftiger, es entwickelt eine ordentliche Daunenjacke und kann nun seine Körpertemperatur selbst halten. Dann wird es auch deutlich unternehmungslustiger und streunt neugierig in der Kolonie herum. Sobald der Nachwuchs etwas größer ist, wechseln Vater und Mutter sich mit dem Füttern ab, das gilt für alle Pinguinarten.

Königspinguine, die zweitgrößte Pinguinart, die den Kaisern sehr ähnlich sieht, brütet in der Subantarktis, also nicht im Eis. Als ich das erste Mal Königspinguine erblickt habe, auf Crozet im Südindischen Ozean, dachte ich, ich sehe nicht recht. Als hätte jemand die Kaiserpinguine auf die grüne Wiese geklebt, Fotocollage. Die Könige drehen ihr ganz eigenes Ding. Als einzige Pinguinart haben sie einen Brutzyklus, der über ein Jahr geht. Königspinguinküken verbringen ihren ersten Winter komplett mutter- und vaterseelenallein in der Kolonie. Vorher päppeln die Alten sie derart fett, dass die Kinder schwerer sind als die Eltern.

Ich muss immer lachen, wenn ich im Frühjahr auf den Falklandinseln bin und dort dicke, dummdreiste Küken sehe, die ihren vor Schwäche schon fast zusammenklappenden Eltern hinterherwatscheln, weil sie halt noch Hunger haben. Die ausgemergelten Erzeuger retten sich dann ins Meer, um wieder zu Kräften zu kommen. Unterdessen tun sich die auf sich allein gestellten Küken zu den berühmten Pinguinkindergärten zusammen. Auf den Falklands und auf Südgeorgien habe ich jedes Jahr wieder meinen Spaß an ihnen: Tausende von schokoladenbraunen Flauschekugeln hängen dann monatelang gemeinsam ab, und das meist ohne jede elterliche Betreuung. Hin und wieder sehe ich einzelne Alttiere in der Nähe der Kindergärten stehen. Manchmal sind das Eltern, die es doch mal schaffen, auf eine Fütterung vorbeizukommen. Aber meistens handelt es sich um kinderlose Singles, die mit Küken nichts zu tun haben wollen.

Gefahren für den Nachwuchs

Junge Pinguine sind wie Kleinkinder, die gerade laufen lernen. Sie finden alles irre interessant und bringen sich dadurch schnell mal in Schwierigkeiten. Gefahr droht einerseits von Skuas, den antarktischen Raubmöwen. Skuas sind beeindruckende Vögel mit dem Instinkt von Raubtieren. Diese Geier der Antarktis sind, gemeinsam mit den Riesensturmvögeln, die einzigen Tiere, die Pinguine auf dem antarktischen Festland zu fürchten haben. Sie kommen aus unserer Perspektive nicht unbedingt sympathisch rüber, sind aber das wahre Vorbild, wenn es um Treue geht: Die Paare bleiben oft lebenslang zusammen und bilden eine Arbeits- und Gütergemeinschaft. Meist übernimmt ein Skua-Pärchen gemeinsam die »Kontrolle« über eine Pinguinkolonie oder einen überschaubaren Teil davon. Hier patrouillieren sie wie bösartige Bademeister. Geduldig, wachsam und blitzschnell in der Reaktion. Wenn ich in einer Pinguinkolonie sitze und das Treiben auf mich wirken lasse, ist eines der Dramen, die sich am häufigsten abspielen, folgendes: Ein Pinguin lässt kurz sein Ei unbeaufsichtigt. Wahrscheinlich muss er oder sie mal schnell einen Stein klauen, den Nachbarn verkloppen oder eine andere wichtige Mission ausführen. Die Skua, im kreisenden Flug über der Kolonie, braucht nur wenige Sekunden, um das elternlose Ei zu sichten - schon stürzt sie vom Himmel und greift sich mit dem Schnabel die kostbare Proteinmahlzeit. Einige Meter abseits der Kolonie setzt sie das Ei ab und schlägt es auf. Bis dahin ist auch der Partner zur Stelle, gemeinsame Mahlzeiten sind ein wichtiger Bestandteil der Beziehungspflege. Der Pinguinelternteil, der ein verwaistes Nest vorfindet, ist natürlich entsetzt und schlägt Alarm, er oder sie rennt aufgeregt umher, und manchmal wird auch noch auf die schmausenden Skuas eingedroschen. Zu spät - der Nachwuchs für diese Saison ist verloren, all die Mühe war umsonst.

Nicht nur Eier sind in Gefahr, auch jungen Pinguinküken geht es an den Kragen. Auf die Küken haben es die Riesensturmvögel abgesehen. Mit ihrer Flügelspannweite von über zwei Metern sind diese Räuber so groß, dass sie auch ohne gewiefte Strategie bekommen, was sie wollen. Oft beschränken sie sich darauf, schmausende Skuas zu vertreiben und ihnen die Beute abzujagen. Oder sie schlagen selbst zu. Auf Crozet konnte ich das tagtäglich beobachten. Direkt vor unserer kleinen Forschungshütte lag die Kolonie. Jeden Morgen pünktlich um halb neun kam ein Riesensturmvogel, um sich sein Frühstücksküken zu holen – er klaute das Kleine einfach dem verblüfften Alttier zwischen den Beinen weg. So ein Riesensturmvogelfrühstück ist nichts für zarte Gemüter: Der Räuber fängt hinten an zu fressen, während das Küken vorne noch verzweifelt piepst. Mir ist so manches Mal der Appetit auf meinen Kaffee vergangen.

Gefahr droht dem Nachwuchs auch von Singles mit Kinderwunsch. Alleinstehende Pinguine, egal ob männlich oder weiblich, adoptieren nämlich gerne fremde Küken – was das Jungtier selbst oder gar dessen Eltern davon halten, ist ihnen herzlich egal. Ein Jungpinguin, der seiner Neugier folgt und auf eigene Faust durch die Kolonie stolpert, läuft Gefahr, gekidnappt zu werden. Der Entführer oder die Entführerin stürzt sich einfach über das Küken und versucht, das Kleine in seine oder ihre Brutfalte zu stopfen. Wenn so etwas passiert, ist das Elterntier meist gerade nicht da und bekommt erst zu spät Wind von der Sache, oder aber es stürzt sich in den Kampf. Dann gibt es ein Hauen und Stechen ohne Gnade. Wenn der Kidnapper die Schlacht gewinnt, wird das geklaute Küken zwangsbeglückt. Das eigentliche Problem an der Sache ist nicht die fehlende strafrechtliche Verfolgung, sondern die Tatsache, dass die Kidnapper erstens keine Partner haben – sie sind also gar nicht in der Lage, ein Küken zu ernähren –, und zweitens, dass zu derart adoptiertem Nachwuchs keine stimmliche

Bindung besteht. Die Zwangsadopteure wollen einfach nur brüten, ganz egal was. Dieser Drang hält maximal ein paar Tage an, dann verliert das Alttier das Interesse am neuen Familienmitglied und lässt es links liegen. Das Kleine ist nun dem Tode geweiht, denn die leiblichen Eltern haben inzwischen die Suche nach ihrem Küken aufgegeben. Der Drang zu brüten ist übrigens hormonell bedingt. Er ist extrem stark, besonders wenn ein Tier ein Ei oder ein Küken verloren hat. Ich habe schon beobachtet, wie Tiere sich fremde Eier, Coladosen oder sogar Schädel von toten Kollegen zwischen die Beine geschoben haben – Hauptsache, da ist erst einmal etwas.

Nicht nur von Raubvögeln, auch von Menschen droht dem Pinguinnachwuchs Gefahr. Die Bewohner der Falklandinseln lieben ihre Pinguine – nicht nur auf Postkarten und als Emblem der Inselzeitung *Penguin News*, sondern vor allem als Eier im Kuchen. Eierklau hat auf den Inseln Tradition, besonders die von Eselspinguinen stehen hoch im Kurs. Der Geschmack ist etwas strenger als beim Hühnerei, der Dotter tieforange, und das Eiklar bleibt auch beim Braten sonderbar opak. Zum Backen sind sie aber offenbar hervorragend geeignet.

Der Hintergrund: Die Falkländer waren bis in die Achtzigerjahre hinein vor allem arme Schafzüchter, Fischen war nicht ihr Ding. Die Eier der Pinguine waren daher eine willkommene Proteinquelle. Früher wurden die Kinder deshalb nach der Schule auf Eiersuche zu den Eselsnestern und den Magellanhöhlen geschickt. Die Höhlengänge sind sehr verwinkelt, bis zu fünf Meter tief, und Magellanpinguine sind wehrhaft und haben scharfe Schnäbel. Zudem gibt es haufenweise Ungeziefer im Nest. Die Kinder kamen voller Bisse und Flöhe zurück. Wer das vermeiden wollte, schickte sie mit einer elaborierteren Methode wieder los: mit einer Art Enterhaken aus Metall an einem langen Stiel, Prinzip Apfelpflücker. Die Metallschlaufe schiebt man zwischen den Pinguin und sein Ei und klaut es ihm dann unterm Hintern weg.

Mittlerweile ist es verboten, Magellaneier zu ernten. Eselspinguinen die Eier wegzunehmen ist aber nach wie vor erlaubt, insofern man vorher eine Lizenz dazu erworben hat. Die Farmer behaupten sogar, dass der Eierklau den Kolonien guttut und den Bruterfolg befördert. Wissenschaftlich untersucht hat das noch niemand, aber ich bin mir ziemlich sicher, dass da etwas dran ist. Der Grund: Normalerweise schlüpfen die Küken einer Kolonie in einem Zeitraum von zwei bis drei Wochen. Die Erst- und Letztgeschlüpften leben gefährlich, weil sie nur wenige sind. Sie laufen allein durch die Kolonie, werden von genervten Alttieren totgehackt, von Skuas verspeist und von Singles entführt. Wenn man aber allen Eselspinguinen gleichzeitig die Eier wegnimmt, legen alle gleichzeitig nach – ein Phänomen, das sich nur bei dieser Art beobachten lässt –, und die komplette zweite Garnison schlüpft dann gleichzeitig. Wie wir bereits gesehen haben: Die Masse macht's, die Sicherheit der Küken liegt im Kollektiv. Das Prinzip Kindergarten funktioniert wie beim Huddle: Eng aneinandergekuschelt lässt es sich Wind und Wetter, Skuas und potenziellen Entführern besser trotzen.

... und sie werden flügge

Dezember in der Antarktis. Die Sonne steht jetzt hoch am Himmel und wird sechs Wochen lang nicht untergehen. Es ist die Zeit des Überflusses. Die Mitternachtssonne lässt das Plankton wachsen und gedeihen, die Kleinstlebewesen ernähren die größeren, und das große Fressen ist in vollem Gange. Das Leben macht sich fit für die nächste Runde.

Die Küken der Kaiser- und Königspinguine, die es bis hierhin geschafft haben, werden spätestens Anfang Januar flügge. Beim Pinguin heißt das: schwimmfähig. Dazu muss der Jungpinguin ein erstes Mal gemausert und seine Babydaunen gegen einen ordentlichen Taucheranzug, das sogenannte Juvenilgefieder, ausgetauscht haben. Bei Kaiser- und Königspinguinen sieht das zum Teil ziemlich dämlich aus. Das Pubertierchen trägt dann Schiesser Feinripp unter räudigem Jogginganzug. Grauer oder brauner Flausch, der nach und nach immer blonder wird, baumelt in Fetzen an den unmöglichsten Stellen. Attraktiv ist anders. Unregelmäßige Flusen am Kopf lassen einen nicht unbedingt intelligent erscheinen, vor allem, wenn man dabei wie wild mit den Flügeln schlägt und so lange quietschend und kopflos durch die Kolonie rennt, bis alle anderen mitmachen. In den Kindergärten ist der Teufel los um diese Jahreszeit.

Hat der royale Teenager ausgemausert, sieht er fast aus wie ein Alttier. Etwas kleiner noch, und die typischen Bäckchen sind noch zwei Farbtöne heller. Das satte Orange beim König und Gelborange beim Kaiser ist ein Zeichen von Geschlechtsreife und stellt sich erst im dritten oder vierten Jahr ein.

Nach dem ersten Mausern ziehen die jungen Pinguine dann hinaus aufs Meer. Die Kaiserpinguine müssen sich derart sputen, dass die Babydaune oft noch über dem Juvenilgefieder sitzt – man sieht oft große Flauscheküken im Wasser planschen oder auf Eisschollen sitzen. Sie ziehen in die Weite der südlichen Ozeane und werden erst in ihre Heimatkolonie zurückkehren, wenn sie geschlechtsreif sind, im Schnitt nach etwa fünf Jahren. Die Bindung an die Eltern ist dann restlos dahin – wenn sie noch leben, haben sie ein neues Küken, dem sie sich widmen. Das erstmals brütende Tier hat keine Kükenstimme mehr und wird nicht mehr als eigener Nachwuchs erkannt – es hat aber ohnehin Besseres zu tun, als nach seinen Altvorderen Ausschau zu halten. Auch vor der ersten Heimkehr kommen die Jungtiere einmal im Jahr an Land, um zu mausern. Bis zur ersten Brut tun sie das jedoch nicht zwingend an ihrem Geburtsort. Gerade Kaiserpinguine sind in dieser Hinsicht relativ heimatlos. Wenn sie ihr Gefieder wechseln, gibt es ihren Brutplatz unter Umständen noch gar nicht, weil das Meer an der entsprechenden Stelle noch nicht zu Eis geworden ist. Sie rasten dann einfach auf Eisschollen.

Über das Alter von Pinguinen wissen wir nicht besonders viel. Generell werden Seevögel sehr alt, Albatrosse sogar bis zu achtzig Jahre. Von Pinguinen in Zoos weiß man, dass sie teilweise über vierzig werden. Dort leben sie natürlich auch wie im Sanatorium – einmal husten, und schon steht der Tierarzt parat. In freier Wildbahn ist es schwer, das Alter von Pinguinen zu messen, denn die Tiere werden älter, als die meisten Forschungsprojekte dauern. Zudem sterben die meisten von ihnen auf See, da lässt sich schwer feststellen, ob sie nun eines gewaltsamen Todes oder an Altersschwäche gestorben sind.

Man vergisst es leicht: Jedes Küken, das es überhaupt bis zur ersten Mauser schafft, ist ein echter Sieger. Es hat einen Existenzkampf hinter sich, den wir Menschen in Mitteleuropa, in einer Welt mit Zentralheizung, fließend Wasser und Supermarkt um die Ecke, uns nur schwer vorstellen können. Die wenigsten Küken überleben das erste Jahr. Man nimmt an, dass es durchschnittlich etwa jedem fünften Individuum eines Jahrgangs gelingt, sich auch nur einmal erfolgreich fortzupflanzen.

Die erstmals fertig gemauserten Pinguine denken aber erst mal keineswegs ans Sterben – sie ziehen mutig in die Welt hinaus, um ihr Glück zu versuchen. Beim Schwimmenlernen sind sie auf sich allein gestellt, ihre Eltern haben zu diesem Zeitpunkt die Kolonie bereits verlassen. Die Alttiere haben jetzt ordentlich zu tun: Auf die Hälfte ihres Körpergewichts abgemagert müssen sie innerhalb weniger Wochen, bis zur Mauser, ihr Gewicht wieder verdoppeln. Aus diesem Grund bekommen Kreuzfahrer in der Antarktis auch nur selten Kaiserpinguine vor die Kameralinse – wenn überhaupt, dann vereinzelte Tiere, die auf einer Eisscholle rasten. Zur besten Touristenzeit haben die großen Kolonien sich bereits aufgelöst, die Tiere schwimmen dann einige Hundert Kilometer ins Südpolarmeer hinaus.

Nur den Küken der Eselspinguine wird das Glück elterlicher Zuwendung auch noch im Teenageralter zuteil. Eselspinguine sind standorttreu, beide Eltern sind also vor Ort, und so kann das Küken in der ersten Zeit noch jeden Abend seine Eltern besuchen und essen, was auf den Tisch beziehungsweise in den Schnabel kommt. Alle anderen Pinguinarten sind zu diesem Zeitpunkt auf sich allein gestellt. Es wird einige Jahre dauern, bis sie das erste Mal in die Kolonie zurückkehren, um sich zu paaren und zu brüten. Dann beginnt der endlose Reigen wieder von vorn.

EXKURS

Evolution der Pinguine – Anpassung auf hohem Niveau

Schwarz-weiße Spindeln schießen durchs Unterwasserblau. Sie sinken, steigen auf, drehen sich wie pummelige Primaballerinen um die eigene Achse, ein silberner Schweif aus Luftbläschen bleibt hinter ihnen im Wasser stehen. Ein Wasserballett der Torpedos. Von ihrer Tollpatschigkeit an Land ist rein gar nichts mehr zu sehen – hier fliegen sie. Unter Wasser sind Pinguine in ihrem Element.

Lange hat die Wissenschaft keinerlei Vorstellung davon gehabt, was Pinguine im und unter Wasser so machen. Und das, obwohl schon die ersten Entdecker und Seefahrer den fracktragenden Vögeln auf See begegnet sind. Auf meinen Expeditionen in die Antarktis und Subantarktis treffe ich die Meisterschwimmer der Südhalbkugel oft auf dem Wasser dümpelnd an. In dieser Haltung ähneln sie tatsächlich eher großen, schwarz-weißen Enten. Auch auf umhertreibenden Eisbergen und -schollen sehe ich sie stehen oder liegen. Unter Vögeln ist das eine beliebte Methode, bequem zu reisen. Besonders gern beobachte ich Pinguine beim sogenannten Delfinspringen. Was für die Tiere die schnellste

Art der Fortbewegung ist, sieht für uns Menschen aus wie Augsburger Puppenkiste, als würden die Tiere an unsichtbaren Fäden nach oben gezogen und wieder heruntergelassen. Diese Schwimmart ermöglicht es ihnen, zu atmen und trotzdem zügig von A nach B zu kommen. Sie schwimmen dabei unter Wasser und katapultieren sich in rhythmischen Abständen über die Wasseroberfläche, um einzuatmen, ohne dabei an Geschwindigkeit zu verlieren. Vor jedem Sprung atmen sie noch unter Wasser aus. Auf diese Weise legen sie bis zu dreißig Kilometer pro Stunde zurück. Das ist viermal so schnell wie ihr Normalreisetempo und entspricht in etwa der durchschnittlichen Geschwindigkeit eines großen Kreuzfahrtschiffes. Wahrscheinlich ist Delfinspringen auch ganz hilfreich, um Orcas und Seeleoparden zu verwirren. Dafür spricht, dass Pinguine diesen Gang einlegen, wenn sie zur Kolonie hin- oder von ihr wegschwimmen. Menschen verwirren klappt jedenfalls ganz gut – von Weitem kann man sie wirklich für Delfine halten. Was sich an den springenden Pinguinen gut beobachten lässt: Auch auf See sind die Vögel nicht gern allein, sie reisen so gut wie immer in Gesellschaft.

Ein häufiger Anblick am Nachmittag auf den Falklandinseln: Ein Schwarm Eselspinguine kommt im Delfinstyle angesprungen. Zögernd ziehen die Tiere in gebührendem Abstand vom Strand auf und ab, keiner traut sich, an Land zu gehen. In der Brandung patrouilliert der Seelöwe und wartet auf seinen Five-o'Clock-Pinguin. Gekonnt surft er die türkisblaue Welle, immer auf der Lauer. Die Pinguine zögern, und das ausdauernd. »Reise nach Jerusalem« – wer wird daran glauben müssen? Plötzlich, wie auf ein unsichtbares Zeichen hin, hält die Gruppe auf den Strand zu. Einer hat sich entschlossen, und alle anderen schwimmen hinterher. Die nächste Welle wirft die Vögel auf den Strand, und sobald sie festen Boden unter den Füßen haben, bricht Hektik aus. Die Füße verknoten sich, die vollgefressenen Bäuche sind im Weg, Schwimmhäute klatschen auf den Strand. Einer verliert vor lauter Stress den Kopf und rennt wieder zurück ins Wasser, die anderen wie die Lemminge hinterher. Den Lebensraum wechseln ist gar nicht so einfach.

Über siebzig Prozent ihrer Lebenszeit verbringen Pinguine auf See, hier brechen sie alle Rekorde. Und doch spielt sich das Kerngeschäft an Land ab. Balzen, brüten, Junge aufziehen – das alles tun sie auf zwei Beinen stehend. Sie sind Meister der Extreme und Wanderer zwischen den Welten.

Biologisch gesehen sind Pinguine ganz normale Vögel. Nach den Kriterien dieser Disziplin sind es drei Dinge, die den Vogel ausmachen: Federn, Eier, Schnäbel. Check – alles da. Pinguine sind nicht die einzige Vogelfamilie, die das Fliegen aufgegeben hat. Und das, nachdem die Evolution die ehemaligen Reptilien über Jahrmillionen hinweg mühsam in Vögel verwandelt hat. Warum Pinguine den Luftraum wieder verlassen haben, darüber können wir nur spekulieren.

Sicher ist, dass auch die Strauße, Nandus, Kiwis und andere Laufvögel es für eine gute Idee hielten, die fürs Fliegen notwendigen hohlen Knochen gegen stabilere Skelette einzutauschen. Die Evolution kennt keinen anderen Grund als das Überleben der Art. Wir können davon ausgehen, dass Tiere sich an den Grundsatz »Folge dem Futter« halten. Sie gehen immer dorthin, wo sie möglichst leicht an möglichst nahrhafte Nahrung kommen, und wo möglichst wenige Fressfeinde lauern. Die Pinguine haben sich, als sie den Weg zurück ins Wasser antraten, den unendlichen Proteinreichtum der Meere erschlossen. Womit genau sie ihre Mägen füllen, das unterscheidet sich leicht je nach Lebensraum. Die antarktischen Arten stehen vor allem auf Krill, die subantarktischen auf einen Cocktail aus kleinen Krebsen, Fisch und Tintenfisch. In temperierten und subtropischen Breiten sind kleine Schwarmfische wie Sardellen angesagt.

Wer schon einmal versucht hat, von Insekten satt zu werden, der kann diesen Umzug ins Meer sicher nachvollziehen – schon aus kulinarischen Gründen. Flugfedern sind unter Wasser eher hinderlich, man kommt nicht sehr tief, davon kann die große Familie der Seevögel ein Lied singen. Albatrosse, Seeschwalben, Möwen, sie alle ernähren sich aus dem Meer. Anders als die Pinguine greifen sie aber von oben zu und tauchen nur ins Wasser ein, um sich einen Fisch zu fangen.

Genetische Untersuchungen haben ergeben, dass der nächste Verwandte des Pinguins der Albatros ist, der König der Lüfte. Aber auch der hat, was das Jagen unter Wasser angeht, das typische Vogelproblem: Die hohlen, leichten Knochen, die es zum Fliegen braucht, halten dem Druck beim Tauchen in großer Tiefe nicht stand. Der Pinguin wollte den dicken Fischen hinterher und wurde im Laufe der Jahrmillionen immer kompakter – auf den ersten Blick sieht er deshalb gar nicht unbedingt nach Vogel aus. Das hat auch bei den ersten Seefahrern auf der Südhalbkugel für Verwirrung gesorgt. Von der Form her ähnelt der Pinguin am ehesten einer Robbe, und auch vom Lebenswandel her sind die beiden Arten vergleichbar. Die Robbe ist zwar ein Säugetier, aber beide, Pinguin und Robbe, haben einen evolutionären Rückwärtsschritt gemacht: zurück ins Wasser. Allerdings sind beide für die Fortpflanzung nach wie vor ans Land gebunden. Einzig die Gattung der Wale hat diesen Schritt konsequent durchgezogen – sie paaren sich unter Wasser und gebären selbst ihre Jungen dort. Pinguine müssen für die Fortpflanzung jedes Jahr aufs Neue in die stammesgeschichtliche Vergangenheit zurück. Wie nervig: Gerade noch pfeilschnell dahinzischend, schießen sie mit voller Geschwindigkeit aus dem Wasser, und in der nächsten Sekunde torkeln und stolpern sie über den Boden der evolutionären Tatsachen. Rumms, das kann sich nicht gut anfühlen, denke ich jedes Mal, wenn ich Pinguine aus dem Wasser kommen sehe.

Man weiß nur wenig über die Evolution der Pinguine. Den Zeitpunkt, zu dem einige Vögel »pinguinisch« wurden, also zurück ins Wasser gingen, datieren Forscher heute auf das Ende der Kreidezeit. Das ist über siebzig Millionen Jahre her und war vermutlich etwa zum gleichen Zeitpunkt, als die Dinosaurier ausgestorben sind. Diesen Übergang verkörpert der sogenannte Waimanu, den man auf Neuseeland gefunden hat, eine ausgestorbene Urform des heutigen Pinguins. Er hat noch etwas andere Proportionen als das heutige Modell, sieht ihm aber schon sehr ähnlich.

Über die entwicklungsgeschichtlichen Zwischenstufen ist so gut wie nichts bekannt. Was wir wissen, ist: Vor etwa dreißig Millionen Jahren, mitten im Tertiär, gab es die größte Vielfalt unter den Pinguinen, über vierzig verschiedene Arten. Sie lebten in einer Welt, in der die Kontinente von feuchten Wäldern bedeckt waren, in denen sich irgendwann auch die ersten Vorläufer der Menschen tummelten. Als sicher gilt, dass der Trend damals zum Riesenpinguin ging. Sechsundzwanzig dieser Arten waren größer als der heutige Kaiserpinguin – und der hat schon die Größe eines Erstklässlers.

Der größte Pinguin, von dem wir wissen, wurde von Otto Nordenskjöld entdeckt, dem norwegischen Geologen und Polarforscher. Nordenskjöld überwinterte auf der Insel Snow Hill und fand dort und auf der Nachbarinsel Seymour gigantische Fossilien. *Anthropornis nordenskjöldi* war etwa einen Meter achtzig groß, ziemlich wahrscheinlich also größer als sein Entdecker. Auch heute noch werden immer wieder Knochen gefunden, die auf eine bislang unbekannte Riesenpinguinart schließen lassen. Deshalb sind alle hier genannten Zahlen mit Vorsicht zu genießen.

Ich finde die Vorstellung irre, dass die Welt der subtropischen Wälder, die damals den tiefen Süden bedeckten, vor Pinguinen nur so wimmelte. Die Großen starben leider irgendwann aus, ich hätte zu gerne mal einen gesehen.

Südländer auf Tour – Verbreitung der Pinguinarten

Die Pinguine, die wir heute kennen, sind an ein Leben unter extremen Bedingungen angepasst, sowohl im Wasser als auch an Land. *Living on the edge*, das ist ihr Alltag. Dabei fristen sie ihr Dasein keineswegs nur in klirrender Kälte. Lediglich zwei der achtzehn Arten, die es heute noch gibt, leben ausschließlich im Eis. Das sind die Kaiserpinguine und die Adeliepinguine. Die meisten Pinguinarten sind im Bereich der Subantarktis anzufinden, also zwischen fünfundvierzig und sechzig Grad Süd. Einige hat es auch in wärmere und subtropische Gegenden verschlagen. Der Zwergpinguin zum Beispiel lebt in Neuseeland und in Australien. In der chilenischen Atacamawüste, die bis an den Pazifik heranreicht, schützen sich Humboldtpinguine in Höhlen vor der sengenden Sonne, und der Galápagospinguin hat es bis zum Äquator geschafft. Den wenigen Exemplaren, die es noch gibt, macht dort eher Hitze als Kälte zu schaffen.

Was aber alle Pinguine gemeinsam haben: Sie brauchen kaltes, nährstoffreiches Wasser, und das kommt aus der Antarktis. Der Antarktische Zirkumpolarstrom ist eine starke Meeresströmung, die im Uhrzeigersinn rund um den Kontinent verläuft. Angetrieben wird er durch die Westwinde, die in diesen Breiten um den Erdball fegen, ohne von größeren Landmassen gebremst zu werden – nicht umsonst spricht man unter Seeleuten von den *Roaring Fourties* (den brüllenden Vierzigern), den *Furious Fifties* (den rasenden Fünfzigern) und den *Screaming Sixties* (den heulenden Sechzigern). Von dieser starken Strömung gehen Abzweige nach Norden ab, die jeweils an den Westseiten der Kontinente entlang nach Norden fließen. Diese kühlen Ströme sind sehr nahrungsreich, ihre bekanntesten Vertreter sind der Humboldtstrom vor Chile und Peru sowie der Benguelastrom vor Südwestafrika. Entlang dieser Wasserrutschen haben sich die Pinguine über die Südhalbkugel ausgebreitet. In Äquatornähe werden diese Strömungen dann nach

Westen abgelenkt. Das ist auch der Grund, warum Pinguine nie, aber auch wirklich nie Probleme mit Eisbären haben: Am Äquator kommen sie nicht weiter. Sie sind deshalb ausschließlich auf der Südhalbkugel zu finden.

Im Norden residiert die Familie der Alkenvögel – auch sehr putzig –, zu denen zum Beispiel die Papageientaucher gehören. Sie besetzen dort eine ähnliche ökologische Nische wie auf der Südhalbkugel die Pinguine. Der flugunfähige Riesenalk, der sogenannte Pinguin des Nordens, war etwa fünfundachtzig Zentimeter groß. Die letzten zwei Exemplare wurden vermutlich bereits 1844 vor der Küste Islands erlegt. Im Nordatlantik waren einfach zu viele Menschen unterwegs, die dem Riesenalk ans Leder beziehungsweise an die Federn und ans Fett wollten

Eine Theorie zur Herkunft der Bezeichnung »Pinguin« besagt, dass Seefahrer im Süden die ersten Pinguine, die sie sahen, für Pinguinis impennis hielten, für ebendiesen Riesenalk. Von walisischen Seeleuten wurde er »pengwyn« genannt; »pen« bedeutet schwarz und »gwyn« weiß. Die beiden Gruppen sind aber nicht näher verwandt. Es bleibt zu hoffen, dass den Pinguinen des Südens das Schicksal ihres arktischen Kollegen erspart bleibt.

Ein bisschen schade ist es ja schon, dass wir auf der Nordhalbkugel keine Pinguine haben. Das fanden in den Dreißigerjahren auch die Norweger, und so setzten sie ein paar Pinguine auf den Lofoten aus, um zu sehen, was die so machen würden. Heute wissen wir, was eingeführte fremde Arten anrichten können, und wie schwer man sich wieder von ihnen befreit. Neuseeland zum Beispiel versucht derzeit im großen Stil, die eingeschleppten Nagetiere aus anderen Teilen der Welt wieder loszuwerden; eine Sisyphusarbeit, deren Ende nicht abzusehen ist.

Die Norweger betrieben damals große Walfangstationen auf Südgeorgien und fuhren ständig hin und her. Da lag es nahe, ein paar Rentiere auf die subantarktische Insel zu bringen und dafür zwei Königspinguinpaare an Bord zu nehmen. Im Laufe der Jahre kamen noch Macaronipinguine und Afrikanische Pinguine dazu. Man setzte die Vögel auf entlegenen norwegischen Inseln aus und achtete darauf, dass keine Landräuber in der Nähe waren. Offenbar fühlten sich die unfreiwilligen Einwanderer auch ganz wohl, sie wurden immer wieder mal gesichtet. Eine Handvoll Tiere ist aber zu wenig, um eine Population aufzubauen.

Der Letzte dieser Königspinguine soll übrigens den Fehler begangen haben, sich in die Nähe von Menschen zu begeben. Der Überlieferung nach watschelte er irgendwo an der norwegischen Küste an einen Strand, der zum Haus einer alten Dame gehörte. Die Gute erschrak zu Tode über diesen Besuch und dachte, der Leibhaftige sei gekommen, um sie zu holen. Sie griff zum Knüppel und schlug den armen Kerl nieder – das Ende des norwegischen Experiments. Die Pinguine wissen schon, warum sie auf der Südhalbkugel bleiben.

Dort sind sie auf allen Kontinenten zu finden und in allen Größen. Der Zwergpinguin in Neuseeland ist nur fünfunddreißig Zentimeter groß und ein Kilo schwer, der Kaiserpinguin in der Antarktis bringt es auf einen Meter zwanzig und vierzig Kilogramm. In der Gewichtsklasse dazwischen liegen die Gruppen der Brillenpinguine, der Schopfpinguine und der Lang- oder auch Besenschwanzpinguine.

Zeichnungen: B. Klotz
Grafik: böing gestaltung

Die Brillenträger sehen sich untereinander recht ähnlich. Alle sind schwarz-weiß gefärbt und tragen ihren Smoking je nach Art mit einem oder zwei schwarzen Streifen um den Hals. Sie leben in Südamerika und Südafrika, von den Galápagosinseln bis hin zum Kap der guten Hoffnung, und sind die Latinos unter den Pinguinen. Das sieht man auch am temperamentvollen Hüftschwung.

Die große Familie der Schopfpinguine – das sind die mit den schicken Frisuren – besetzt das Mittelfeld, alle acht Arten leben in subantarktischen Breiten. Die Langschwanzpinguine sind in der Subantarktis und in der Antarktis zu Hause und sind schon deutlich voluminöser.

Zusammenfassend lässt sich sagen: Die Pinguine folgen mit ihrem Körperbau der sogenannten Bergmann'schen

Balzende Königspinguine. Das Männchen präsentiert seine orangefarbenen Wangenflecken.

Kaiserpinguine warten im Gehege auf das tägliche Wiegen.
Im Hintergrund die Drescher-Station

Drescher Inlet, Antarktis: Ins Wasser geht es stets gemeinsam.
Kaiserpinguine versammeln sich an der Meereiskante.

Um eine Magenfüllung erleichtert: Erwachsener Kaiserpinguin wird gewogen.

Fast flügge: Kaiserpinguinküken wird gewogen.

Zügelpinguine rasten auf einem Eisberg in der Bransfieldstraße, Südshetlandinseln.

In unterschiedlichen Stadien der ersten Mauser: Kaiserpinguinküken wechseln vom Daunenkleid ins Juvenilgefieder.

Carcass Island, Falklandinseln: Magellanpinguine sind Höhlenbrüter. Das saubere Gefieder dieser Gruppe weist darauf hin, dass die Tiere gerade an Land gekommen sind.

Volunteer Beach, Falklandinseln: Strandspaziergang. Königspinguine versammeln sich, um gemeinsam loszuschwimmen.

Was seid ihr denn für welche? Unternehmungslustige junge Adeliepinguine zu Besuch in der Kaiserpinguinkolonie

Forscher-WG: Charly Bost und Klemens Pütz auf Crozet

Königspinguin nach Magenspülung: Mageninhalt und Daten der Magensonde warten nun auf Auswertung.

Röntgenaufnahme eines Königspinguins mit Magensonde

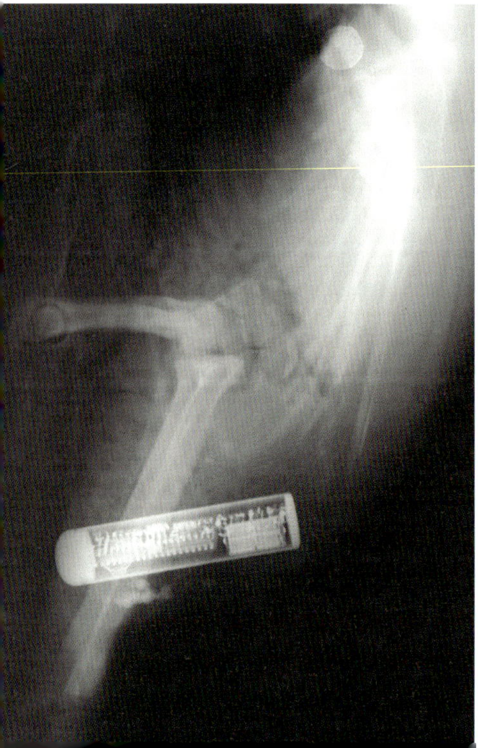

Königspinguinküken, Volunteer Beach, Falklandinseln

Vom Schlauchboot aus fotografiert: neugierige Adeliepinguine auf dem Eis in Brown Bluff, Antarktische Halbinsel

Frisch geklaut? Ein Zügelpinguin schleppt einen Stein zum Nest.

Schlafender Königspinguin

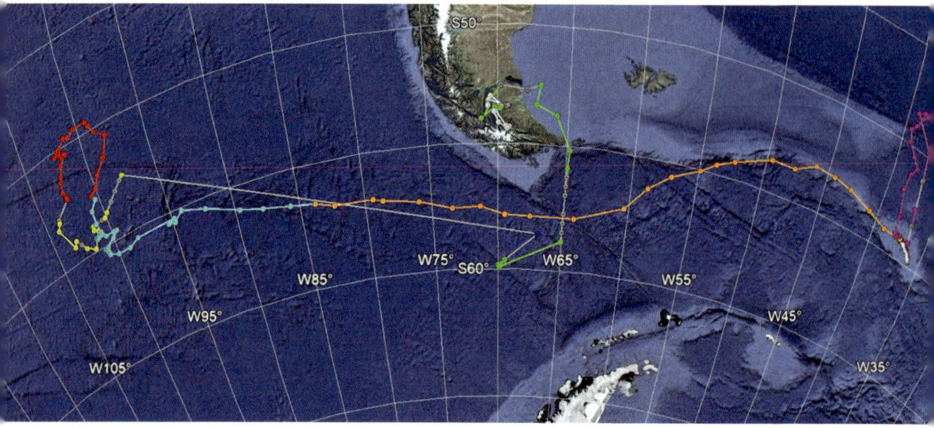

Satellitenbild-Auswertung der Wanderungen eines Königspinguins: O-Wawatay schwamm von der Magellanstraße aus in den Pazifik, dann hielt er zielstrebig auf Südgeorgien zu. Ist er hier geschlüpft?

Youngster, ein jugendliche Königspinguin, legte nahezu 25 000 Kilometer zurück: von den Falklandinseln zur Antarktischen Konvergenz, dann weiter bis fast in den Indischen Ozean. Dabei taucht das Tier regelmäßig auf und ab.

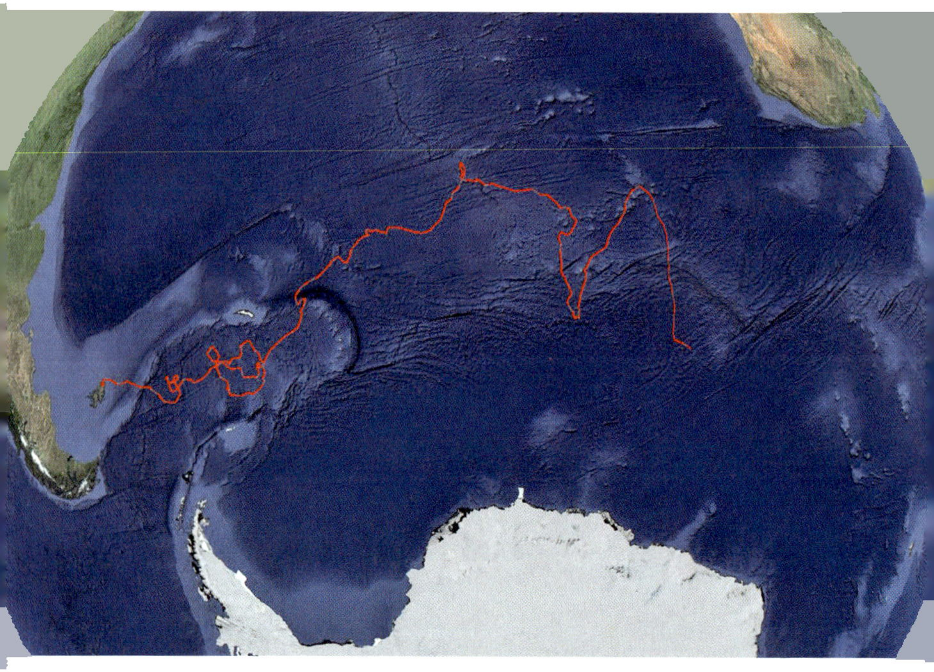

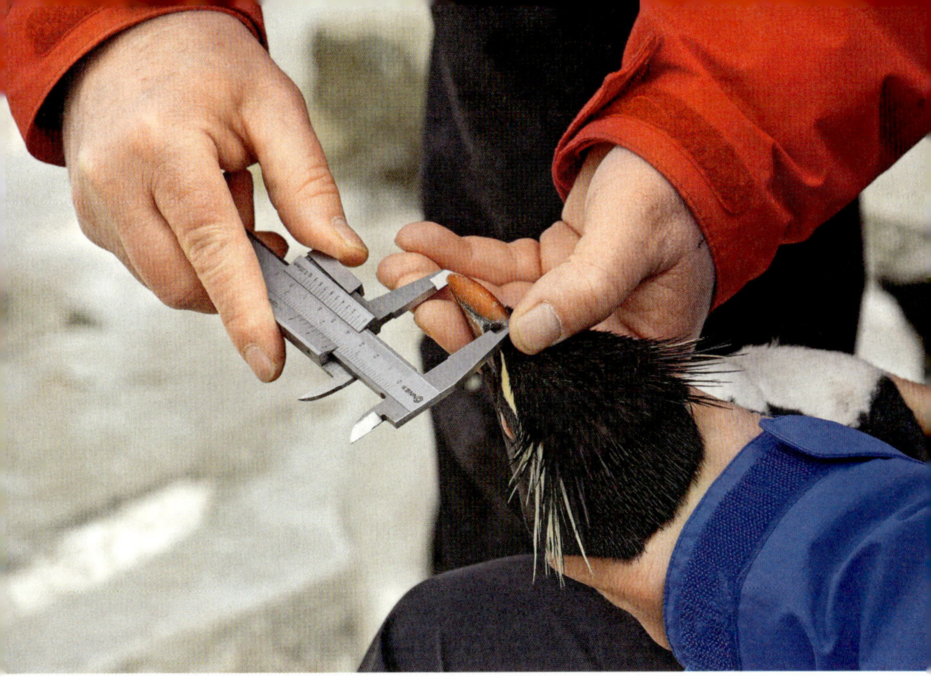

Zur Geschlechtsbestimmung wird der Schnabel vermessen.
Hier ein Felsenpinguinmännchen

Klemens Pütz und Benno Lüthi rüsten einen Felsenpinguin
mit einem Satellitensender aus.

Königspinguinkolonie in der Magellanstraße. Im Hintergrund eine Bretterwand als Sichtschutz vor Touristen. Im Vordergrund zwei Tiere mit GPS-Fahrtenschreibern

Kuschlig: Klemens Pütz mit Königspinguinküken, Crozet 1991

Isla Martillo, Magellanstraße: Klemens Pütz rüstet einen Magellan-
pinguin mit einem Fahrtenschreiber aus.

Balzende Afrikanische Pinguine in Stony Point, Südafrika

Ausgetretene Pfade: ein Eselspinguin in der Antarktis auf dem Weg zum Meer

Wer erforscht hier wen? Klemens Pütz umzingelt von Königspinguinküken. Volunteer Beach, Falklandinseln

Rendezvous auf der Île de la Possession, Crozetinseln. Wanderalbatrosse haben die größte Flügelspannweite überhaupt: bis zu 350 cm.

Felsenpinguinpärchen. Das Männchen trägt einen GPS-Fahrtenschreiber. Im Hintergrund: Königskormorane

Zügelpinguin beim Brüten

Wir sind alle Individuen! Königspinguine beim Mausern

Hochzeit unter Pinguinen: Klemens und Andrea Pütz im Januar 2001. Im Hintergrund die Hochzeitsgesellschaft, bestehend aus Felsenpinguinen und Kormoranen. Rockhopper Point, Sea Lion Island, Falklandinseln

Ein heimkehrender Zügelpinguin begrüßt seinen brütenden Partner.

Kaiserpinguinküken im Daunenkleid, mit etwa drei Monaten ist es um die 30 cm groß.

Regel. Diese Beobachtung des gleichnamigen Biologen besagt, dass Tiere in kalten Lebensräumen größer werden als Vertreter ihrer Art in wärmeren Gebieten. Das ist reine Physik. Ein großer Körper gibt relativ gesehen weniger Wärme an die Umgebung ab als ein kleiner. Aber auch hier gilt, wie immer in der Biologie: Die Ausnahme bestätigt die Regel. Bei den Langschwanzpinguinen ist der Eselspinguin der größte. Er ist sozusagen der Warmduscher unter den Langschwänzen und lebt am weitesten nördlich, also im mildesten Klima. Biologie ist eben mehr als reine Physik. Und Pinguine haben es nicht nötig, sich an Regeln zu halten.

Mit der Temperatur ist das so eine Sache. Eigentlich dreht sich beim Pinguin alles um Wärme und Kälte - gleich nach dem Fressen. In den beliebten Cartoons von Uli Stein sieht man sie gern verschnupft und mit Schal um den Hals. An den kalten Füßen liegt das mit der Erkältung definitiv nicht. Die haben sie zwar, aber, wie schon gesagt, sie machen ihnen rein gar nichts aus.

Pinguinfüße sind faszinierend, von Art zu Art sehen sie ganz unterschiedlich aus. Königs- und Kaiserpinguine tragen regelrechte Lederstiefel, schwarz und sehr reptilienhaft. Kleinere Pinguinarten wie die Felsenpinguine haben rosa Füßchen, die eher an Entenfüße erinnern. Ihnen allen ist gemeinsam, dass sie Schwimmhäute haben und meist eiskalt sind. Sie haben Umgebungstemperatur.

Dass die Pinguinhaxen nicht abfrieren, liegt am sogenannten Gegenstromprinzip. Es wird auch in Passivhäusern zur Energiegewinnung angewendet und funktioniert so: Durch die Arterien fließt sauerstoffreiches, warmes Blut vom Herzen aus in die Extremitäten, genau wie bei uns Menschen. Die Venen, die das sauerstoffarme, kalte Blut wieder zurücktransportieren, wickeln sich im Pinguinfuß um die Arterien herum. Die Arterien geben die Wärme an die umliegenden Venen ab, und so kommt kaltes, aber gleichzeitig nährstoff- und sauerstoffreiches Blut im Fuß an. Das aufgewärmte Blut fließt derweil zurück in Richtung Herz. Deshalb friert der Pinguin nicht, obwohl er permanent kalte Füße hat. Nur so kann er ungerührt auf dem Eis stehen, ohne sich zu erkälten.

Unsere zweibeinigen Freunde nutzen ihre Füße sogar, um Wärme loszuwerden. Zum Beispiel während der Mauser, wenn sie ihre Federn wechseln. Die Stoffwechselaktivität ist dann stark erhöht, die Pinguine glühen regelrecht. Dann stellen sie sich gerne in einen Bach und leiten die überschüssige Hitze durch die Füße ins Wasser, so wie wir an einem heißen Sommertag. Auch die Küken lieben das. Auf den Falklandinseln sehe ich die halbstarken Flauschis immer zusammen im feuchtkalten Matsch stehen. Das finden sie urgemütlich.

Das Hitzeproblem der Vögel ist die Kehrseite ihrer perfekten Anpassung an das Medium ihrer Wahl: klirrend kaltes Wasser. Lange dachte man, Pinguine hielten sich durch eine Speckschicht warm, ähnlich dem Blubber von Walen oder Robben. Das ist aber falsch. Sie müssten ja dann während ihrer langen Fastenzeit an Land jeden Tag mehr mit den Zähnen beziehungsweise Schnäbeln klappern, denn sie füttern über Wochen und Monate hinweg ihre Küken und magern dabei immer mehr ab. Das Fett dient in erster Linie als Energiereserve.

Von wegen Fett. Was die Vögel wirklich warm hält, ist ihr Federkleid. Es ist nicht nur zeitlos schick, sondern auch ein perfekter Taucheranzug. Für fünfundneunzig Prozent der Gesamtisolation ist das Gefieder verantwortlich. Das Geheimnis liegt in der Struktur der Feder. Pinguine haben das dichteste Federkleid aller Vögel. Zwölf Federn kommen auf einen Quadratzentimeter. Jede einzelne hat zum Kiel hin einen Daunenanteil, der schön warm hält. Am oberen Ende liegen feinstverästelte Federteile mit winzigen Widerhaken, sogenannte Konturfedern. Diese Konturfederanteile verhaken sich mit ihren jeweiligen Nachbarfedern und bilden so eine feste Decke. Aus diesem Grund sieht der Pinguinanzug für den Laien eher nach Fell aus als nach typischem Vogeldress. Der Thermosmoking funktioniert wie ein Neoprenanzug. Die Konturfedern bilden den Anzug, und die luftgefüllte Daunenschicht darunter isoliert den Körper, der beim Pinguin wie bei uns im Normalfall eine Temperatur von siebenunddreißig Grad Celsius hat.

Die Luft im Frack nutzen Pinguine auch zum Beschleunigen. Etwa, wenn sie Verfolger abschütteln wollen oder wenn sie mit Schwung aus dem Wasser müssen, zum Beispiel an einer Eiskante. Um Gas zu geben, lassen die Tiere Luft aus dem Gefieder ab. Dieser Vorgang setzt den Reibungswiderstand herab und macht sie noch schneller. Die großen Arten erreichen dann bis zu vierzig Stundenkilometer. Für uns sichtbar – wenn wir denn jemals in den Genuss kommen, sie unter Wasser zu beobachten – sind die Sternschnuppenschweife aus Luftblasen, die hinter den Vögeln im dunklen Wasser stehen bleiben.

Der Multifunktionssmoking ist extrem dicht und zeigt

jedem Goretexmaterial die lange Nase, im Wasser und auch an Land. Außen hat er Umgebungstemperatur – Schnee, der auf Pinguine fällt, bleibt liegen. Und darunter ist ihnen mollig warm. Pinguine müssen eher darauf achten, dass sie nicht überhitzen. Wärme können sie nur über Körperstellen abgeben, die nicht oder nur spärlich gefiedert sind. Das sind die Füße, die Innenseiten der Flipper und bei den Brillenpinguinen ein kahler Hautring um die Augen herum. Auf den Falklands habe ich mal den Temperaturhaushalt von Pinguinen untersucht und mit einer Wärmekamera aufgenommen. Auf den so entstandenen Bildern kann man das sehr gut sehen.

Der extreme Isolationsbedarf ist auch der Grund, warum Küken noch nicht schwimmen dürfen. Ihr Jäckchen besteht nur aus Babydaune. Die isoliert zwar an der Luft recht gut, versagt aber unter Wasser. Wer schon einmal in einem nassen Schlafsack die Nacht verbringen musste, weiß, wovon ich spreche.

Auch das Design dieses Taucheranzugs, schwarzer Frack und weißes Hemd, ist nicht nur stylish, sondern auch funktional. Was an Land ein echter Hingucker ist, wirkt unter Wasser denkbar unscheinbar. Das ist evolutionäre Absicht, die Camouflage schützt vor Räubern. Für Fressfeinde, die oberhalb der Pinguine schwimmen, ist der schwarze Rücken nur schwer vom dunklen Untergrund zu unterscheiden. Und wer hungrig von unten kommt, der sieht einen weißen Bauch vor heller Wasseroberfläche – also nicht viel. Aus demselben Grund haben fast alle anderen Seevögel und die meisten Meeressäuger einen hellen Bauch und einen dunklen Rücken.

Auch wenn sie auf den ersten Blick alle gleich aussehen – selbst unter Pinguinen gibt es Individualisten. Immer mal wieder stolpere ich über Tiere, die statt eines schwarzen Anzugs eine andere Farbe erwischt haben. Alles, was am Kollektivdesign schwarz ist, tragen solche Tiere dann in Blassgelb, Cremefarben oder Rosa, in Uni oder in Fleckig. Sogar komplett schwarze Pinguine habe ich schon gesehen. Bei den sogenannten Blondies handelt es sich aber nicht um Albinos, das Farbspiel ist einfach eine Laune der Natur. Man geht davon aus, dass diese Tiere Nachteile bei der Partnersuche haben und eventuell auch im Wasser die Schattenseite ihrer eigenwilligen Klamotten zu spüren bekommen. Dennoch habe ich Blondies schon auf Eiern sitzen oder völlig normal kolorierte Küken füttern sehen – ganz so drastisch kann das also nicht sein.

Ein Anzug aus derart hochwertigem Material will gut gepflegt sein. So eine Kolonie ist eine schmutzige Angelegenheit. Schlamm, Matsch und auch das Guano des Nachbarn muss man abkönnen und vor allem wieder loswerden. Aus diesem Grund verbringen Pinguine täglich etwa eine Stunde damit, ihren Anzug zu reinigen und zu striegeln. Damit die Federn warm halten, müssen sie sauber sein und ordentlich sitzen.

Wenn ich auf den Falklandinseln morgens zum Strand gehe, ist die Morgentoilette schon in vollem Gang. Die Tiere dümpeln erst einmal eine Zeit lang an der Wasseroberfläche und putzen sich, bevor sie richtig in See stechen. Den Hang herunter kommt ein Grüppchen Felsenpinguine gehopst, einer nach dem anderen schlittert eine Matschrutschbahn hinunter, damit sich das Baden dann auch richtig lohnt.

Eigentlich gibt es nur zwei Arten von Pinguinen: saubere und dreckige. Die einen kommen aus dem Wasser, die anderen aus der Kolonie. Wo immer sich ein Bächlein schlängelt oder ein Wasserfall plätschert, finden sich Pinguine ein. Auf Saunders, einer Insel auf den Falklands, gibt es eine berühmte Dusche, unter der die Felsenpinguine gern ihr Bad nehmen – ein Motiv, das unter Dokumentarfilmern sehr beliebt ist. Mir macht es großen Spaß, meine Forschungsobjekte beim Baden zu beobachten. Auf New Island gibt es einen kleinen Bach, der sich zwischen Tussockbüschen durch die Torflandschaft windet. Es gibt nichts Schöneres, als an einem Sonnentag im Tussock zu sitzen. Weit unter mir brandet der Atlantik gegen die Felsen, dicht über meinem Kopf zerschneiden Schwarzaugenalbatrosse mit ihren Schwingen die Luft. Wenn man sich klein macht und sich absolut still verhält, wird man für die Pinguine so gut wie unsichtbar. Sie plantschen und spritzen, putzen sich ausgiebig den Anzug und genießen ganz offensichtlich den Badespaß.

Nicht nur zum Duschen oder Füßekühlen sind solche Frischwasserbächlein gut, auch zum Trinken nutzen die Pinguine die Gelegenheit. Anders als wir sind sie allerdings auf Süßwasser nicht angewiesen. Sie beziehen die Feuchtigkeit, die ihr Körper braucht, vor allem aus dem Futter – Fisch und Meeresfrüchte bestehen zu drei Vierteln aus Wasser. Eine spezielle Salzdrüse, die oberhalb der Augen sitzt, ermöglicht es ihnen sogar, Meerwasser zu trinken. So gut wie alle Seevögel haben so ein Organ. Über eine Röhre wird das überschüssige Salz wieder in Richtung Schnabel und durch die Nasenlöcher aus dem Körper geleitet. Das ist das

Geheimnis des Tropfens, der Seevögeln stets am Schnabel hängt. Die Drüse filtert so viel Salz aus dem aufgenommenen Wasser, dass den Rest dann die Nieren erledigen können, ohne dadurch Schaden zu nehmen.

Stark beanspruchtes Equipment kann man so gut pflegen, wie man will - irgendwann ist es hinüber. So auch bei den Pinguinen. Einmal im Jahr, wenn die Brut erfolgreich durchgebracht ist, wird der Taucheranzug generalüberholt. Nur der Königspinguin kocht wieder sein eigenes Süppchen: Er will zum Balzen extraschick sein und mausert deshalb vor und nicht nach der Brutsaison.

Jedes Jahr wieder ist die Mauser für Pinguine eine schwierige Zeit. Drei bis vier Wochen lang sind sie gezwungen, an Land zu stehen, zottelig und scheinbar ungepflegt, und können nichts anderes tun als warten. Während die neuen Federn die alten rausschieben, dürfen sie nicht ins Wasser. Der Anzug ist jetzt nicht dicht, und sie würden sofort auskühlen. Es ist, als hätten sie etwa einen Monat lang eine schwere Erkältung. Die Körpertemperatur steigt, sie glühen regelrecht und sind insgesamt schlecht drauf. Das liegt daran, dass Mausern energietechnisch eine kostspielige Angelegenheit ist. Das will denn auch gut vorbereitet sein.

Vier bis sechs Wochen vor der Mauser beginnen die Pinguine, sich Fettvorräte anzufuttern, von denen sie während des anschließenden Gefiederwechsels zehren können. Diese Vorräte müssen für die gesamte Zeit des Federwechsels reichen. Deshalb bewegen sich die Tiere kaum und beschränken sich darauf, vor sich hin zu stoffwechseln. Während der Mauser muss alles stimmen, die Vögel verhungern sonst. Touristen sollten deshalb in dieser Zeit extraviel Abstand von den Tieren halten, damit diese nicht in Stress geraten. Alles, was die Vögel Extrakalorien kosten würde, muss vermieden werden, denn sie haben nicht ausreichend Energiekapital, um unvorhergesehene Ausgaben auszugleichen. Ins Wasser gehen und einen Fisch nachlegen ist in dieser Zeit nicht möglich.

Freunde der Forschung – die Gründung des *Antarctic Research Trust*

Eine Entwicklung wie die vom Flugvogel zum Pinguin beschreibt im extremen Zeitraffer, was in Echtzeit eine endlose Kette an Versuch und Irrtum und glücklichen genetischen Zufällen war. Ein echter Glückstreffer in meiner persönlichen Entwicklung als Pinguinforscher war es, Benno Lüthi kennenzulernen.

Mitte der Neunzigerjahre war ich in einer Umbruchs- und Orientierungsphase. Nach Abschluss meiner Doktorarbeit und einem vielversprechenden wissenschaftlichen Start kam ein Downer – meine hochkarätige Kieler Forschungsgruppe war im Begriff, sich aufzulösen. Ich fand meine bisherige Form des Arbeitens großartig und wollte eigentlich einfach nur weitermachen: mit meinen Königspinguinen auf den Falklands, »im Feld« sein, Daten auswerten und Studien schreiben. So weit war mir alles klar. Wie ich das jedoch in Zukunft finanzieren sollte, war ungewiss. Vorerst hatte ich als Notnagel einen Job als Fischereiinspektor bei der falkländischen Fischereiindustrie angenommen, und ich hatte damit begonnen, in der Südsommersaison zunächst als Lektor, später als Expeditionsleiter auf Kreuzfahrtschiffen zu arbeiten. Ich kannte mich aus in der Antarktis und Subantarktis und hatte Ahnung von den Tieren, die die zahlenden Gäste sehen wollten. Ich konnte Zodiac fahren, das sind motorisierte Schlauchboote, und ich habe Spaß am Umgang mit Menschen. Der perfekte Brötchenjob für mich.

Auf einer Reise nach Südgeorgien hatten wir besonders heftigen Seegang. Das Schiff rollte von einer Seite auf die andere, alles, was nicht festgeschraubt war, rutschte von rechts oben nach links unten und beim nächsten Brecher wieder zurück. Südpolarmeer par excellence. Die meisten Passagiere lagen flach in ihren Kabinen und beteten um besseres Wetter. Ich werde glücklicherweise nicht seekrank und bin es gewohnt, zu solchen Gelegenheiten die Schiffsbar für mich zu haben. An jenem denkwürdigen Abend saß noch ein anderer Hartgesottener am Tresen, und so hatte ich Gesellschaft für mein Feierabendbier. Benno Lüthi, ein freundlicher Schweizer, war mit einem befreundeten Ehepaar, den Cortis, unterwegs. Wir waren uns auf Anhieb sympathisch, und ich erzählte ihm von meiner derzeitigen Forschungsflaute. Meine Geschichte muss offenbar im Laufe der Reise in ihm und auch in seinen Freunden gearbeitet haben, denn an einem der nächsten Abende kam das Gespräch auf die Frage: Können wir etwas tun, um dich und deine Forschung zu unterstützen? Noch ein paar Bier später gab es dann bereits den Plan, eine Stiftung zu gründen. Ich sollte forschen und die Daten für den Schutz von Pinguinen einsetzen. Die Schweizer wollten die Verwaltung machen. Es ist ja schon so mancher Plan beim Bier gefasst und schnell wieder verworfen worden - aber in diesem Fall hatte ich ein ganz klares Gefühl: Das machen wir.

Mittlerweile hat der *Antarctic Research Trust* sein zwanzigstes Jubiläum gefeiert. Wir betreiben Grundlagenforschung im subantarktischen Raum, sammeln Daten und stellen sie dem Artenschutz zur Verfügung. Heißt: keine Forschung für die Schublade. Alles Wissen, das wir generieren, setzen wir auch ein, um damit etwas zu erreichen. Unsere Strukturen sind schlank: Benno Lüthi ist der Präsident, verantwortlich für die Finanzen, ich bin der wissenschaftliche Direktor der Stiftung und verantworte die Forschung. Das Ehepaar Corti und Bennos Frau Marianne sowie Sally Poncet von den Falklandinseln vervollständigen den Stiftungsrat. Den privaten Lebensunterhalt für mich und meine Familie verdiene ich als Expeditionsleiter und Lektor, von der Stiftung bekomme ich eine Aufwandsentschädigung für meine Forschung. Im Wesentlichen widme ich mich dem Verhalten von Pinguinen auf See und versuche herauszubekommen, wohin sie ziehen und was sie unterwegs fressen. Dazu rüste ich die Tiere mit kleinen Geräten aus, die ihre Bewegungen aufzeichnen. Der folgende Teil dieses Buches handelt ausführlich davon.

Soweit ich weiß, bin ich der einzige freiberufliche Pinguinforscher, der wissenschaftlich arbeitet und veröffentlicht - und ich schätze mich glücklich, genau das zu sein. Lehre und Büroarbeit an der Uni wären nicht das Richtige für mich gewesen und buchdicke Anträge für Forschungsgelder schreiben erst recht nicht. Durch die Stiftung bin ich in der glücklichen Lage, genau an den Themen arbeiten zu können, die ich auch für sinnvoll halte, und dabei ein Minimum an Bürokratie erledigen zu müssen. Benno und ich ergänzen einander sehr gut. Er ist trink- und wetterfest, ein sehr engagierter Tierfreund. Wir gehen durch dick und dünn, waren bereits mehrfach gemeinsam auf Expedition und sind gute Freunde geworden. Fast hätten wir vor der chilenischen Isla Noir gemeinsam Schiffbruch erlitten. Er ist ein Mensch, auf den ich mich hundertprozentig verlassen kann, in jeder Lebenslage.

Seit 2005 sitzt Sally Poncet mit uns im Stiftungsboot. Sie ist gebürtige Australierin, lebt auf den Falklandinseln und ist unsere Frau vor Ort. Vor allem aber bereichert sie unser Portfolio mit ihrer Expertise. Kaum jemand kennt die Antarktis und Subantarktis so gut wie sie, sogar die britische Polarmedaille wurde ihr schon verliehen, von der Queen höchstpersönlich. Sally ist vor allem auf die Renaturierung von Inseln spezialisiert. Auf den Falklandinseln und auch auf Südgeorgien hat sie sehr erfolgreich Entrattungsprojekte durchgeführt, zum Teil auch von unserer Stiftung unterstützt. Der ART ist international gut vernetzt, viele Forschungsprojekte führen wir in Kooperation mit argentinischen, chilenischen und neuseeländischen Forschern und Institutionen durch.

Seit fast dreißig Jahren führe ich wie meine Forschungsobjekte ein Leben zwischen den Welten. Seit der Geburt meiner Tochter bin ich im Frühling und Sommer Familienvater in Bremervörde. Ich mache meine Büroarbeit, koche Spaghetti, werte Daten aus, gehe mit dem Hund spazieren, schreibe Berichte und Studien, und in manchen Jahren bin ich auch ein paar Wochen als Expeditionsleiter auf Kreuzfahrtschiffen in der Arktis unterwegs. Im Herbst starte ich dann in meine Südhalbkugel-Saison. Im September beginnt in der Subantarktis die Brutzeit, die Pinguine kommen an Land, und dann bin ich vor Ort. Ich führe auch Touristen durch die Falklandinseln, sowohl über Land als auch mit dem Schiff, dabei fahren wir die besten Wildlife-Spots ab, und bei Interesse binde ich die Gäste manchmal auch in meine Forschungsvorhaben mit ein. Zwischen Dezember und Februar bin ich dann in der Antarktis auf Expedition - bis das nächste Frühjahr kommt. Die Leute beneiden mich immer um meinen tollen Beruf, aber natürlich hat er auch seine Schattenseiten. Dazu gehört, dass es gar nicht so leicht ist, soziale Kontakte zu halten, wenn man so viel unterwegs ist. Ein regelmäßiges Hobby kann ich nur schwer pflegen, und natürlich nimmt auch meine Familie einiges in Kauf. Gerade als meine Tochter klein war, war es für meine Frau alles andere als schön, dass ich im Feld oder an Bord von Kreuzfahrtschiffen oft wochenlang nicht erreichbar war.

Wenn ich nach Wochen oder Monaten auf der anderen Seite der Welt nach Hause komme, brauche ich immer ein paar Tage, bis ich wieder ganz da bin. Das Schöne ist, dass ich meiner Familie meine andere Welt ein Stück weit habe zeigen können. Meine Frau und meine Mutter waren beide schon auf den Falklandinseln zu Besuch, und immer wieder mal kann ich Familienmitglieder mit aufs Kreuzfahrtschiff nehmen. Sie müssen ja auch heute noch lange Perioden ohne mich klarkommen und tragen das mit viel Geduld.

TEIL II

PINGUINE IM WASSER

Forschung geht durch den Magen – was Pinguine fressen

Bei den Pinguinen ist es letztlich nicht anders als bei uns: Essen hat einen hohen Stellenwert. Mit einem wichtigen Unterschied allerdings: Bei ihnen geht es ums Überleben. Die Frage »Was machen Pinguine im Wasser?« beschäftigt mich mittlerweile seit Jahrzehnten. Sie fächert sich auf in: Was fressen sie? Wie tun sie das? Und wohin schwimmen sie dafür?

Das »Was« ist relativ leicht zu klären. Man schaut einfach rein, und zwar in den Magen. Magenspülungen an Pinguinen durchzuführen ist für mich im Laufe der Jahre zur Routinehandlung geworden. Das erste Mal war allerdings sehr eindrücklich.

Schüchternheit klingt anders. Sie hupen und knarzen, sie quietschen und pfeifen, sie trompeten und knattern. Dreitausend Kaiserpinguinpaare machen ordentlich Radau. Eisiger Wind lässt mir Augenbrauen und Bart gefrieren und trägt einen Teil des Geräuschpegels hinaus aufs Packeis. Drescher Inlet, Antarktis, zweiundsiebzig Grad Süd. Wind von Südwest, mit fünfundzwanzig Kilometern pro Stunde, die gefühlte Temperatur liegt bei minus zweiundzwanzig Grad. Ein Sommertag in Südpolnähe eben.

Es ist Silvester 1989, wir haben eine dreiviertelstündige Motorschlittenfahrt von der Forschungsstation an die Eiskante hinter uns, und bereits jetzt spüre ich meine Zehen nicht mehr. Eingepackt wie ein Michelinmännchen stehe ich in meiner ersten Pinguinkolonie: schwarz-weiße aufrechte Gestalten, so weit das Auge reicht – deutlich besser angezogen als ich in meinem unförmigen Überlebensanzug. Im Hintergrund ein mächtiger Tafeleisberg. Vor mir schießen Kaiserpinguine aus dem Wasser, landen auf dem Bauch und prallen vom Eis ab wie Flummis. Abgefahren. Ruhig Blut, Klemens! Ich soll Kaiserpinguine erforschen, also muss ich mir einen schnappen. »Wie fängt man die?«, frage ich Richy, meinen Kollegen. Er muss es wissen, er war schon mal hier. Sein fachmännischer Rat: »Einfach draufschmeißen.«

Ehrlich gesagt, ich stand im Eis wie der Ochs vorm Berg. Die Planungsphase des Projekts hatte ohne mich stattgefunden. Man hatte mich ja in erster Linie mitgenommen, weil die Forschungsreise ohne vierten Mann nicht hätte stattfinden können. Aus Sicherheitsgründen wird in der Antarktis nur im Zweierteam gearbeitet. Expeditionen ins ewige Eis werden absolut akribisch und Jahre im Voraus geplant, die Kosten gehen in die Hunderttausende, und so war es besser, einen frisch diplomierten Nachwuchsbiologen dabeizuhaben, als die Unternehmung abzublasen.

Eine grobe Fragestellung gab es allerdings, die hatte sich bereits auf einer früheren Expedition ergeben: Wie teilen sich Kaiserpinguine und Weddellrobben den Lebensraum Antarktis? Kommen sie einander in die Quere, was Nahrung und Territorium angeht? Im Idealfall sollte daraus eine Doktorarbeit werden.

Um herauszufinden, was Kaiserpinguine fressen, musste ich zunächst einmal einen dieser hochgewachsenen Frackträger zu fassen bekommen. Das war leichter gesagt als getan. Tiere in der Antarktis haben zwar an Land keine Fressfeinde und deshalb wenig Scheu vor Menschen – dennoch hat der Kaiserpinguin für gewöhnlich andere Interessen, als sich fangen und den Magen auspumpen zu lassen. Kaiserpinguine können nicht wegfliegen, aber sie sind trotzdem würdige Gegner: Sie werden bis zu ein Meter zwanzig groß und können mit ihren von der Evolution zu Flippern geformten Flügeln Schläge austeilen, die jeden Karateprofi alt aussehen lassen. Einen solchen Hieb bekam ich bei meinem ersten Pinguinfangversuch auch prompt zwischen die Beine. 1:0 für den Kaiser. Ich ging wimmernd zu Boden, mein Gegner zog mit geschwellter Brust trompetend von dannen, und für etwa eine Rehastunde hatte die Kolonie Ruhe vor mir.

Beim nächsten Versuch ging ich planvoller auf meine Pinguinpirsch. Nach und nach begriff ich: Wenn man sie zu fassen bekommen will, muss man sich den Tieren ganz langsam von hinten bis auf zwei oder drei Meter nähern und dann im richtigen Moment ein paar schnelle Schritte auf sie zu machen und zupacken. Das klappt aber nur in der Theorie, denn Kaiserpinguine haben ein besonderes Ass im Ärmel. Wenn sie ihre Geschwindigkeit an Land erhöhen wollen, dann schalten sie vom Watschelgang auf Eisrutschen um. Sie werfen sich dazu auf den Bauch, stoßen sich mit Füßen und Flippern ab und werden dabei schneller, als ein Forscher im Überlebensanzug und mit fünf Kilo schweren Isolationsstiefeln an den Füßen sprinten kann. Die Lösung, die ich für dieses Problem fand, war Pinguinrodeo, eine Disziplin, in der ich es noch zur Meisterschaft bringen sollte. Dazu wirft man sich vom fahrenden Motorschlitten aus auf das Forschungsobjekt. Der Trick ist, die Flipper mit den Kniekehlen zu fixieren und dann von hinten den Schnabel zu fassen zu bekommen und festzuhalten. Dann schnürt man die scharf bekrallten Füße mit einem Strick zusammen und zieht dem Probanden eine schwarze Socke über den Kopf. Was wie ein Entführungskommando aussieht, stellt das Tier sehr schnell ruhig, einfach weil es so weniger Reize aufnimmt.

Nach einer halben Ewigkeit war der erste Pinguin gefasst, und mein Kollege Richy führte mich umgehend in die Kunst der Magenspülung ein. Ein Pinguin besteht vor allem aus Magen mit ein paar Muskeln drum herum, deshalb ist das ein recht simpler Vorgang. Man steckt dem Pin guin einen Schlauch in den Schnabel und füllt das Tier mit warmem Wasser auf. Wenn der Pinguin dann überläuft, dreht man ihn um und schüttelt. Heraus kommt der gesamte Mageninhalt, und der lässt sich dann wissenschaftlich untersuchen. Meine ersten Magenspülprobanden waren gerade erst auf Beutezug gewesen, deshalb war das kein bisschen eklig. Das zutage geförderte Material war noch unverdaut und so frisch, dass ich es mir auch auf die Pizza gelegt hätte.

Ein Kaiser wird bis zu vierzig Kilo schwer. Der australische Pinguinforscher Graham Robertson, der diese Auf-

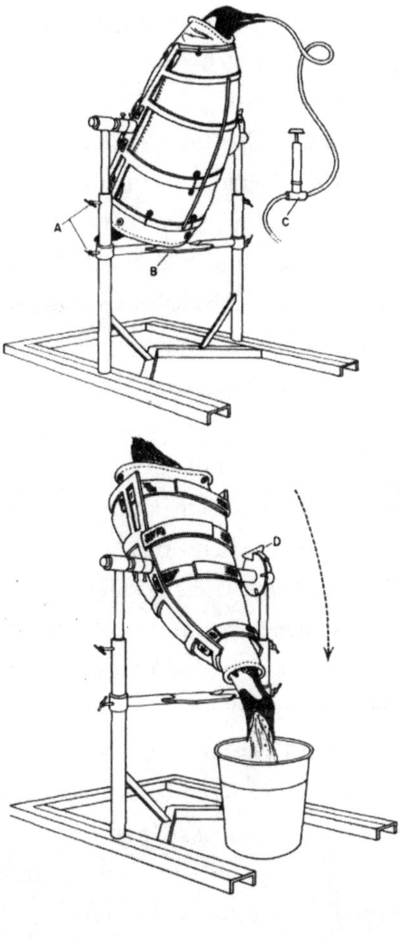

Der *Penguin-Inverter*, ein Gestell, mit dem man vor einigen Jahrzehnten Magenspülungen bei Pinguinen durchgeführt hat. Der Pinguin wird aufrecht eingespannt, dann wird über einen Schlauch Wasser in seinen Magen gepumpt. Wenn der Magen voller Wasser ist, wird der Pinguin im Gestell umgedreht, der verdünnte Mageninhalt landet im Eimer.

gabe an Pinguinen offenbar allein bewältigen musste, wusste sich zu helfen, indem er den sogenannten *Penguin Inverter* entwickelte: eine Vorrichtung, in die man den Pinguin einspannen und dann zu gegebenem Anlass mit Hilfe eines Fußpedals umdrehen kann.

Vermutlich ist mein Postfach spätestens jetzt voll mit Mails von empörten Tierschützern. Deshalb möchte ich hier Folgendes klarstellen: Früher musste man Pinguine töten und aufschneiden, um herauszubekommen, was sie fressen. Eine Magenspülung nach dem beschriebenen Prozedere ist da wesentlich schonender. Mein Kollege Rory Wilson aus der Kieler Forschungsgruppe hat dieses Verfahren entwickelt, und ich finde, dass er damit Pinguinen wie Forschern einen großen Gefallen getan hat. Ich gebe diese Methode weiter, wo immer ich kann, zum Beispiel auch an Fachpersonal in deutschen Zoos. Dort werfen Besucher gerne mal Kleinkram ins Gehege. Die Pinguine verschlucken das Zeug, und das bekommt ihnen in der Regel nicht.

Unter Forschern ist die Magenspülung in den letzten Jahren ein wenig in Verruf geraten. Sie gilt heute als relativ belastend für den Pinguin. Mittlerweile muss man eine Genehmigung dafür beantragen, als deutscher Forscher wendet man sich dafür an das Umweltbundesamt. Darin muss gut begründet sein, warum es nötig ist, den Pinguin mit einer Spülung zu belästigen. Seit einigen Jahren wendet man daher immer häufiger ein anderes Verfahren an, die sogenannte Isotopenanalyse. Man untersucht die Kohlenstoff- und Stickstoffatome im Pinguinblut und kann so herausfinden, was der Vogel in den letzten Wochen gegessen hat. Oder man untersucht entsprechend die Federn und kann damit sogar auf die Nahrung der letzten Monate schließen. Aber auch diese Methode hat ihre Nachteile: Transport und Analyse der Proben sind aufwendig und kostspielig. Und sehr angenehm ist das Verfahren für den Probanden auch nicht, auch hier muss ich einen Pinguin fangen, ihm eine Feder abschneiden oder ausreißen oder ihm Blut abnehmen. Finden Sie mal beim Pinguin eine Vene, das ist gar nicht so einfach. Mittlerweile kann ich das, Achselhöhle oder Fuß sind recht gut geeignet, aber es hat seine Zeit gedauert, und die Tiere, an denen ich geübt habe, fanden das sicher nicht angenehm. Vor allem aber gibt die Isotopenanalyse nur Aufschluss über das Pinguinmenü der mittleren und längeren Vergangenheit. Man erhält auch keine spezifischen Informationen über die Art des Futters, sondern nur darüber, ob es sich um Fisch oder Krill handelt. Was genau der Vogel gerade gefressen, also aktuell im Magen hat, das zeigt sich nach wie vor nur durch eine Magenspülung. Deshalb bin ich der Meinung, dass hier nicht eine Methode besser ist als die andere, sondern dass sie einander ergänzen. Mittlerweile gibt es auch kleine, GoPro-artige Kameras, die auf die Rücken der Pinguine geschnallt werden und filmen, wie und was sie essen – noch eine Methode mehr, die wieder andere Informationen liefert.

Ich wende die Magenspülung nach wie vor hin und wieder an. Meiner Erfahrung nach nimmt der Pinguin, der diesen Dienst an der Forschung leistet, keinerlei Schaden. Typischerweise schüttelt er sich kurz und torkelt ein paar Watschler lang, dann macht er sich eilig auf den Weg ins Wasser, um seinen Magen aufs Neue zu füllen. Kurze Zeit später steht er oft schon wieder auf der Matte und schaut sich an, was wir mit seinen Kollegen anstellen. Auch die Küken leiden unter diesem Eingriff nicht, sie können durchaus mal eine Mahlzeit auslassen, das habe ich immer wieder durch vergleichende Untersuchungen bestätigen können.

Zum Zeitpunkt meiner Magenspül-Initiation waren am Drescher Inlet nur noch wenige Tiere in der Kolonie, die meisten waren bereits aufgebrochen, um sich für die kommende Mauser Fettreserven anzufressen. Wir fingen dreißig Kaiserpinguine und analysierten anschließend den Mageninhalt. Als Meereszoologe will man wissen, woraus sich die Mahlzeit des untersuchten Tieres zusammensetzt. Auf den ersten Blick sichtbar waren bei unseren Kaiserpinguinen Krill, Fisch und Tintenfisch, aber auch Flohkrebse und Unterwasserasseln. Diese Funde untersuchten wir auf Art, Größe, Alter und Geschlecht. In Bezug auf unsere Forschungsfrage konnten wir zeigen, dass Weddellrobben und die Kaiserpinguine keine Nahrungskonkurrenten sind. Weddellrobben tauchen viel tiefer und fressen fast ausschließlich Fisch.

Die umstrittenen Magenspülungen haben der Pinguinforschung zahlreiche Erkenntnisse über den Speiseplan von Pinguinen geliefert. Viele Pinguinarten sind Generalisten, das heißt, sie fressen, was ihnen gerade vor den Schnabel schwimmt. Meist ist das ein Cocktail aus Fisch, Tintenfisch und Krebstieren. Es gibt aber auch Spezialisten, die sich nur von Krill ernähren, wie zum Beispiel Adelie- und Zügelpinguine. Sie sind für Meereszoologen besonders interessant, darauf gehe ich im dritten Teil dieses Buches näher ein.

Krill: Superdiesel des Südpolarmeers

Der Begriff »Krill« kommt aus dem Norwegischen und bedeutet »Walnahrung«. Krill ist ein Oberbegriff für alle kleinen Krebse, die in großen Schwärmen vorkommen. Der Antarktische Krill *(Euphausia superba)* ist eine spezifische Art. Ohne ihn geht in der Antarktis gar nichts. Krill ist eine Form von Zooplankton und der Treibstoff des gesamten Ökosystems. Ein einzelner Krillkrebs wird etwa zwei bis sechs Zentimeter lang. Die Tiere leben in riesigen Schwärmen, die im Winter auf das Eis angewiesen sind, weil sie darunter überwintern und Eisalgen abweiden. Krill nimmt eine zentrale Stelle im Netz des Lebens ein: Fische, Tintenfische, Pinguine und andere Seevögel, Robben und Bartenwale – sie alle ernähren sich direkt oder indirekt von Krill.

Das Beutespektrum der Pinguine verändert sich je nach Jahreszeit. Das hat vermutlich mit dem entsprechenden Nahrungsangebot zu tun, aber auch mit dem Bedarf. Wenn die Vögel brüten und Küken großziehen, haben sie einen erhöhten Protein- und Fettbedarf und brauchen tendenziell nahrhafteres Futter. Königspinguine zum Beispiel essen im Sommer, während der Brutzeit, mehr Leuchtsardinen als im Winter. In der kalten Jahreszeit erhöht sich der Anteil an Tintenfisch.

Pinguinkotze duftet recht kräftig nach dem, was drin ist: Fisch. Vor allem, wenn die letzte Mahlzeit des Pinguins schon eine Weile her ist, ist das nichts für zarte Gemüter. Ich habe einmal miterlebt, wie eine Doktorandin bei einer solchen Untersuchung mitsamt dem Probanden umgekippt ist. Der Mageninhalt eines umgedrehten Pinguins ergibt etwa einen halben Eimer, also fünf Liter. Zuunterst im Eimer liegt meist noch frischer Fisch, das ist der Anteil des Mageninhalts, den der Pinguin zuletzt gefangen hat. Obenauf liegt der halb verdaute Brei, der so schrecklich stinkt: schön rosafarben vom Krill, viel Weichgewebe und Matsch. Diese Gülpe steckt voller Informationen.

Wir Pinguinologen suchen nach drei Dingen: Krillpanzer, Tintenfischreste und Otolithen. Otolithen sind Gehörknöchelchen von Fischen. Ihre Struktur gibt Aufschluss über die Fischart, der das jeweilige Innenohr mal gehört hat, anhand des Durchmessers lässt sich auf die Größe des Besitzers schließen. Vom Krill sieht man die Panzer, die vermessen wir. Die kalkhaltigen Otolithen halten sich nur ein bis zwei Tage, dann werden sie von der Magensäure aufgelöst, und die Krillschalen werden von den Steinen im Pinguinmagen zerrieben. Die Mundwerkzeuge von Tintenfischen ermöglichen eine Rückschau auf die Futterlage der letzten Wochen, die sich im Pinguinmagen angesammelt haben. Sie sehen ähnlich aus wie Papageienschnäbel, bestehen wie unsere Finger- und Zehennägel aus Keratin und sammeln sich über Wochen und Monate auf dem Magengrund an. Eine Erklärung für die rätselhafte Tatsache, dass Pinguine gerne Steine fressen, könnte folgende sein: Die Steine helfen, die Keratinschnäbel und Krillpanzer zu zerreiben und schließlich wieder auszuscheiden.

All diese wohlriechenden Fundsachen werden vor Ort ordentlich sortiert und dokumentiert, und dann wird die Magenprobe archiviert. Dazu braucht es eine Kühlkette, die von der Antarktis bis ins Kieler Institut reicht. Am Ende der

Saison geht es per Polarstern-Express direkt in die Kühlhalle des Alfred-Wegener-Instituts in Bremerhaven. Dort wird alles gelagert, was zuvor in den Polargebieten gesammelt wurde. Das Spektrum reicht vom Mageninhalt der Pinguine bis hin zu Eiskernen von Bohrungen. Die Halle ist so groß wie ein kleiner Aldi, voller Tiefkühlkost – allerdings bei minus dreißig Grad. Dort habe ich später meine kostbaren Kotzbrocken wieder abgeholt, zur weiteren Auswertung.

Wenn man es nicht ganz so genau wissen will, kann man auch einfach mal gucken, was beim Pinguin hinten so rauskommt. Rosa spricht für Krill, Weiß verrät Fisch, Hellorange deutet auf Tintenfisch hin. Und Grün spricht für Fastenzeit, dann ist Galle drin. Nach solchen Hinterlassenschaften muss man nicht suchen, Pinguine sind in Sachen Toilettengang sehr ungeniert. Hauptsache, es kommt nichts aufs Ei. Auf YouTube werden gerne Videos geklickt, in denen sie ihren Nachbarn ins Gesicht kacken – das ist durchaus typisch, ich beobachte das oft. Die Wucht, mit der Pinguine koten, ist imposant. Sie können ihre Exkremente rund vierzig Zentimeter weit schießen. Ein Forscher hat herausgefunden, dass das vergleichbar ist mit der Wucht eines zerplatzenden Autoreifens. Für diesen Dienst an der Wissenschaft hat er die »rostige Himbeere« erhalten – einen Anti-Nobelpreis für die sinnloseste Forschungsarbeit.

Über die Qualität des nachbarschaftlichen Verhältnisses sollte man aus diesem Verhalten nichts ableiten. Der angeschissene Nachbar stört sich nicht weiter am Beschuss von nebenan. Er schüttelt sich kurz und setzt dann sein Tagewerk fort. So ein Pinguinleben ist anstrengend, da steht eben jeder unter Druck.

Ich werde oft gefragt, ob und wie Pinguine schlafen. Ja, das tun sie. An Land schlafen sie sogar ziemlich tief, die einen liegen schlummernd auf dem Bauch, andere halten ihr Nickerchen im Stehen. Besonders beliebt bei Königen und Kaisern ist der Hackenstand: Die Pinguine ziehen dabei ihre Füße so hoch, bis nur noch die »Fersen« Kontakt zum Boden haben, und stabilisieren das Ganze dann mit dem Schwanz. Insgesamt gesehen sind Pinguine aber nicht gerade Murmeltiere. Wir Menschen verbringen im Vergleich etwa dreimal mehr Zeit mit Schlafen.

Wie die Vögel während der langen Zeit, die sie auf See verbringen – es sind immerhin bis zu acht Monate im Jahr –, auf ihr Schlafpensum kommen, ist noch nicht wirklich erforscht. Vermutlich halten sie es ähnlich wie zum Beispiel Wale und Delfine. Die schlafen nur mit einer Gehirnhälfte, sie sind also im wahrsten Sinne des Wortes immer mit einem Auge wach. Klingt stressig, hilft aber beim Überleben, wenn man mit Unwettern oder Feinden rechnen muss.

Auch die Menschen müssen im antarktischen Sommer ihre Schlafstrategien finden. Drei Monate lang wird es keine Minute dunkel. Unser Forscherquartett ging also einfach ins Bett, wenn das Tagewerk vollbracht war. Müde genug zum Schlafen war ich immer, die Kälte kostet viel Kraft.

Ich erinnere mich noch genau an den ersten Sonnenuntergang, den wir gesehen haben. Es war sechs Wochen nach unserer Ankunft, am 5. Februar, als die Sonne zum ersten Mal wieder hinter den Horizont sank. Das Eis leuchtet dann mit einem Mal auf und spielt alle Farben des Regenbogens durch: Orange, Grün, Lila. Das Licht ist weich wie Sahne, es ändert im tiefsten Süden nur unendlich langsam die Schattierung. Es ist wie nicht von dieser Welt. Auf eine schwer zu beschreibende Art trifft einen das tief im Inneren, es dockt an eine Sehnsucht an, die ich an keinem anderen Ort der Welt in dieser Form spüre. Ich kenne niemanden, der nicht süchtig danach wird.

Die vielbeschworene Stille im ewigen Eis gab es für mich nur, wenn ich mich von der Pinguinkolonie und ihrem Dauerrabatz entfernte. Und wenn ausnahmsweise mal kein Wind wehte. Dann war es wirklich vollkommen still – bis auf die Geräusche des Eises selbst. In der weißen Weite knackt und knarzt es. Ziemlich gruselig kann das sein, und manchmal, wenn Eis abbricht, ertönt ein Knallen, als würde jemand schießen. Diese Geräusche sind über viele Kilometer hinweg zu hören, und ihr Ursprung ist meist gar nicht zu orten. Nur selten sieht man auch den dazugehörigen Eisberg abbrechen.

Meisterschwimmer – Pinguine in ihrem Element

Für uns Forscher hängt der Erfolg einer Forschungsreise davon ab, welche Ergebnisse wir nach Hause bringen. Durch die Magenspülungen hatten wir gute Hinweise darauf, was Kaiserpinguine fressen. Nun wollten wir herausfinden, wohin sie schwimmen, um diese Nahrung zu finden. Mit der großen Frage »Was macht der Pinguin im Meer?« waren wir Teil einer zweiten Generation von Pinguinforschern. Lange hat sich die Wissenschaft vor allem damit beschäftigt, was Pinguine – allen voran die Kaiserpinguine – an Land so treiben. Die Wanderungen und das Brutverhalten dieser Tiere waren zunächst völlig rätselhaft. Es bedurfte geduldiger und ausdauernder Beobachtung, um sich einen Reim darauf zu machen.

Pinguine verbringen etwa siebzig Prozent ihrer Lebenszeit im Meer, sie sind im besten Sinne Bewohner zweier Welten. Was sie tun, wenn sie in See stechen, blieb über Jahrzehnte hinweg ein Mysterium. Gerald »Jerry« Kooyman, Koryphäe und Pionier der Pinguinforschung, war der Erste, der sich an dieses Thema wagte. Er fuhr ins antarktische

Rossmeer und bohrte zwei Löcher ins Eis. In eines versenkte er einen Glaszylinder, eine Art umgedrehtes Aquarium, das ihm als Observatorium dienen sollte. Dann ließ er per Hubschrauber Kaiserpinguine einfliegen und setzte sie an das andere Loch. Die Tiere gingen wie geplant auf Futtersuche, und er konnte sie von seinem Unterwasser-Ausguck aus dabei beobachten – jedenfalls, solange sie in Sichtweite blieben.

Kooyman war später auch der Erste, der damit experimentierte, den Tieren Geräte mitzugeben, die ihre Bewegungen aufzeichneten. Die ersten Fahrtenschreiber setzte er an Robben ein. Die waren so groß wie Zigarrenkisten und auch entsprechend schwer. Kaiserpinguine waren daher zunächst die einzigen Pinguine, denen solches Gepäck zuzumuten war. Ich arbeite mittlerweile seit fast dreißig Jahren mit diesen Geräten, die Entwicklung ist erstaunlich. Heute sind sie so klein und leicht, dass man sie selbst auf Zwergpinguinen einsetzen kann, die nur dreißig Zentimeter groß und 1,2 Kilogramm schwer sind.

Seitdem sammeln die Tiere die Daten zu ihren Wanderungen selbst. Dieser Ansatz hat die Forschung radikal verändert. Davor hat man Verhaltensforschung betrieben. Man saß im Feld, hat den Tieren zugeguckt und versucht, Muster im Verhalten zu erkennen, ähnlich wie ein klassischer Anthropologe einen fremden Volksstamm beobachtet. Es ist nicht so, dass das heutzutage gar nicht mehr wichtig wäre – natürlich muss auch ich genau hinschauen und die Tiere und ihr Verhalten gut kennen. Aber die technische Seite der Sache nimmt mittlerweile viel Raum ein. Elektronische Geräte anbringen und wiedergewinnen und dann im Anschluss Daten auslesen und interpretieren – das ist ein großer Teil meiner Arbeit. Für mich persönlich ist diese Kombination aus Tätigkeit in der freien Natur und am Computer genau das Richtige.

Der Pinguin als Datenträger

Im Wesentlichen setze ich zwei Typen von Geräten ein. Wenn ich davon ausgehen kann, dass ich mein Gerät wiederbekomme, setze ich gerne Fahrtenschreiber, auch Logger genannt, ein. Sie sind mit unterschiedlichen Sensoren ausgerüstet. Ein GLS *(Global Location Sensor)* misst zum Beispiel alle sechzig Sekunden an der Stelle, an der der Pinguin gerade ist, die Lichtintensität. Mit etwas Sachverstand und viel Geduld kann man anhand dieser Werte den Zeitpunkt von Sonnenaufgang und -untergang bestimmen und daraus Rückschlüsse auf den Längen- und Breitengrad ziehen, also auf die Position des Pinguins.

Das Auswerten dieser Daten ist recht kompliziert. Außerdem können die Messungen durch die Tauchaktivität der Tiere und durch die Wolkenbedeckung verfälscht werden. Die Daten sind also nicht so genau, wie wir das von unseren Navigationsgeräten im Auto kennen. Einzelne Tagespositionen können um die hundert Kilometer abweichen. Aber das macht bei Tieren, die mehrere Tausend Kilometer weit wandern, dann auch keinen großen Unterschied mehr. Der große Vorteil dieser Methode der Positionsbestimmung ist, dass die Geräte sehr klein sind und die Tiere nicht stören, man kann sie an einem Fußring befestigen. Auch die

Anschaffungskosten sind gering – das fällt vor allem dann ins Gewicht, wenn ich Daten von möglichst vielen Tieren sammeln will. GLS-Logger eignen sich besonders gut für Langzeituntersuchungen.

Mit anderen Sensoren kann ich den Weg, den der Pinguin zurücklegt, in drei Dimensionen nachvollziehen: oben, unten, rechts, links. In der Entwicklung dieser Geräte hat sich in den letzten Jahren unglaublich viel getan. Die ersten Modelle hatten einen kleinen Kompass, der die Schwimmrichtung maß, ein Schaufelrädchen, das die Geschwindigkeit aufzeichnete, und einen Drucksensor für die Tauchtiefe. Diese Prototypen waren so groß wie Zigarettenschachteln und konnten 64 Kilobyte speichern. Damals, Anfang der Neunzigerjahre, war das eine Sensation, richtig »rocket science«. Mein Kollege Rory Wilson vom Kieler Institut für Meereskunde war weltweit führend in der Entwicklung dieser Geräte. Wir haben sie vor den Expeditionen nächtelang zusammengeschraubt und in Kunstharz eingegossen. Es war ein Privileg, von ihm lernen zu können.

Die Sensorik geht mit der Zeit, aber das Prinzip bleibt das gleiche. Mittlerweile speichern die neuen Generationen dieser Geräte mehrere Gigabyte, und an zu sammelnden Daten ist jedes Jahr mehr möglich: Wassertemperatur, Beschleunigung, sogar Kameraaufnahmen. Auch GPS, *Global Positioning System*, wird heute viel auf Fahrtenschreibern eingesetzt. Man kennt das aus dem Auto oder vom Handy – der kleine blaue Punkt zeigt die eigene Position an. Das GPS empfängt Signale von unterschiedlichen Satelliten, errechnet daraus seine eigene Position und zeichnet sie auf. Man bekommt sehr präzise Ortsangaben, bis auf wenige

Meter genau. Der Nachteil: Das GPS braucht sehr viel Energie. Heute wird das manchmal über Solarzellen gelöst – die benötigen aber Sonne, und das wird im Polarwinter zum Problem.

Energie- und Speicherbedarf waren lange der Grund dafür, dass diese Geräte sehr groß waren. Früher wäre mir jeder Felsenpinguin abgesoffen, dem ich so etwas aufgesetzt hätte. Heute sind die Riesenrechner von einst so klein, dass ich sie mit Tesa-Gewebeband im Pinguingefieder befestigen kann. Die Sache mit den Fahrtenschreibern hat nur einen Haken: Die Daten sind auf dem Gerät gespeichert, man muss die Dinger also wiederbekommen. So ein Pinguin lebt gefährlich und ist im Winter über Monate hinweg auf Tour, der Rücklauf ist also nicht immer ideal. Deshalb setze ich für Untersuchungen von Winterwanderungen keine Fahrtenschreiber ein, sondern Satellitensender, sogenannte PPTs. Diese Abkürzung steht für *Platform Transmitter Terminal.*

Ein PPT macht den Pinguin zum Sender. Das Tier wandert mit dem Gerät auf dem Rücken durch die Meere und gibt in regelmäßigen Abständen seine Position an Satelliten im All durch. Satellitentechnologie und GPS sind gute Beispiele dafür, wie sehr die Forschung von den Fortschritten in Raumfahrt- und Militärtechnik profitiert. Früher oder später kommen die Steuergelder, die da hineingeflossen sind, auch der Zivilgesellschaft zugute.

PPTs sind sehr zuverlässig und genau. Einmal bat mich ein Kollege, der mit Seeelefanten arbeitet, für ihn auf den Falklandinseln nach einem PPT, das mit einem Fahrtenschreiber kombiniert war, zu suchen und ihm das Gerät mitzubringen. Lars Böhme hatte auf Südgeorgien, etwa eineinhalbtausend Kilometer weiter südöstlich, ein Tier ausgerüstet, das dann auf den Falklandinseln sein Fell gewechselt und den Sender abgestreift hatte. Er wusste über Satellit bis auf wenige Meter genau, wo der Sender liegen musste, und der Zufall wollte es, dass ich tatsächlich beim ersten Schritt an Land fast auf das Gerät getreten bin. Ich habe es dann mit nach Hause genommen und in Bremervörde in die Garage gelegt. Als der Kollege es Wochen später abholen wollte, brauchte er keine Wegbeschreibung, denn der Sender lag ja in meiner Garage und funkte fröhlich vor sich hin.

Der Vorteil liegt auf der Hand: Auch wenn das Gerät auf einer langen Reise verloren geht und irgendwann den Geist aufgibt, liegen die Daten längst sicher auf meinem Schreibtisch. Allerdings hat das Ganze seinen Preis. Allein der Sender kostet eineinhalbtausend Euro, und dann zahlt man noch Gebühren für die Satellitenzeit. Ich setze solche Geräte daher sparsam ein, meistens um die langen Winterwanderungen der Tiere zu erforschen.

Alle Geräte haben ihre Vor- und Nachteile. Als Forscher muss ich immer gut abwägen, was in der jeweiligen Situation und für die jeweilige Fragestellung sinnvoll ist, und ob es überhaupt zu rechtfertigen ist, einem Tier ein Gerät aufs Auge zu drücken. Denn so klein diese Teile mittlerweile auch sind, ohne schwimmt es sich besser. Normalerweise hat der Pinguin im Wasser den Widerstand einer Zweieuromünze. Mit Gerät erhöht sich das auf zwei Euro fünfzig. Das liegt nach wie vor an der Antenne, auch wenn die mittlerweile flexibel und sehr dünn ist. Wir bringen die Sender zwar absichtlich sehr weit unten am Rücken der Tiere an – da, wo sie den Strömungswiderstand am wenigsten erhöhen –, aber natürlich bleibt das eine Belastung.

Tierschützern gegenüber gebe ich das offen zu: Ja, es kann sein, dass die ausgerüsteten Pinguine schlechter vorankommen. Im ungünstigsten Fall, wenn noch andere widrige Umstände wie zum Beispiel Nahrungsknappheit hinzukommen, kann das dazu führen, dass sie weniger fangen und früher sterben. Aber: Das ist eine moralische Frage im Sinne des Pinguinkollektivs. Will ich einfach nur wissen, was ein einzelner Pinguin macht? Oder habe ich das Wohl einer ganzen Population im Blick? In anderen Worten: Ist es ethisch vertretbar, ein paar Einzeltieren ein temporäres Handicap mit auf den Weg zu geben, um dadurch der großen Masse helfen zu können? Diese Frage muss ich mir für jedes einzelne Projekt aufs Neue stellen und beantworten. Fakt ist: Je mehr wir darüber wissen, wohin die Tiere schwimmen, desto besser können wir sie schützen. Die unfreiwilligen Freiwilligen liefern Daten, anhand derer ich gemeinsam mit anderen Forschern und Organisationen immer wieder fundierte Schutzmaßnahmen für die Tiere begleiten kann.

Die Wahrscheinlichkeit, ein Tier, das ich mit einem Sender ausgerüstet habe, wirklich wieder zu treffen, ist sehr gering. Trotzdem finde ich immer mal wieder Pinguine, die einen Sender von mir auf dem Rücken hatten, und sehe, wie sie fröhlich in eine neue Brutsaison starten. Ich erkenne sie an der Stelle am Rücken, an der der Sender mal gesessen hat. Dort fehlen die äußeren Federanteile. Dieser Abdruck bleibt bis zur nächsten Mauser sichtbar, dannach ist der Pinguin wieder wie neu. Das Tier, das ich auswähle, stellt seinen Körper und seine Kraft dem Allgemeinwohl seiner Art zur Verfügung. Leider kann so ein Pinguin dazu nur schlecht seine schriftliche Einwilligung geben.

Früher oder später kommt der Moment, in dem ich dann die Daten vor mir habe. Im Fall von Satellitensendern bekomme ich sie per E-Mail zugeschickt, bei Fahrtenschreiben muss ich die Daten erst auslesen, bevor ich sie analysieren kann. Früher war das mühselige Handarbeit, heute erledigt das eine Software für mich.

Was ich an meinem Job mit am meisten liebe, ist die Vielseitigkeit. Einerseits darf ich in den entlegensten Ecken der Welt sitzen und wilde Tiere beobachten, andererseits ist mein Hirnschmalz gefordert. Dabei geht es nicht allein um Hightechgeräte. Die einfachsten Lösungen sind oft die besten, gerade im Feld. Besagter Jerry Kooyman zum Beispiel hat schon in den Siebzigerjahren, als an Computer auf Pinguinrücken noch gar nicht zu denken war, eine Methode entwickelt, wie sich die maximale Tauchtiefe der Tiere feststellen lässt. Wir haben sie in meinen ersten Forscherjahren noch einige Male benutzt.

Man nimmt feine Dialyseschläuche von 1,6 Millimeter Durchmesser, hält sie in ein Glas voll Puderzucker und zieht Luft hindurch, sodass sich der feine Staub auf die Schlauchwände legt. Dann schweißt man ein Ende des Röhrchens mit einem Feuerzeug wieder zu. Dieses Schläuchlein klebt man dann dem Pinguin ans Gefieder. Wenn das Versuchstier auf Tauchtour geht, erhöht sich mit jedem Meter Tiefe der Wasserdruck. Die Luft im Röhrchen wird dadurch komprimiert, und je nachdem, wie tief das Tier taucht, dringt das Wasser unterschiedlich weit in den Schlauch vor und wäscht den Puderzucker aus. Das kann man dann ausmessen und so die maximale Tauchtiefe berechnen. Auch gut geeignet zum Ausprobieren im Schwimmbad!

Mir macht es großen Spaß, über die Grenzen von Disziplinen hinweg zu denken. Als Forscher muss man im Feld improvisieren können und neugierig sein. Bei meinem ersten Aufenthalt in der Antarktis bin ich völlig naiv an die Sache herangegangen, und das war gar nicht schlecht. Ein unverstellter Blick auf die Phänomene ist Gold wert und später gar nicht mehr so leicht herzustellen. Wissenschaft soll ja Wissen schaffen; es geht darum, Neues herauszufinden. Drei Jahre Grundstudium an der Freien Universität Berlin haben mir in dieser Hinsicht sehr gutgetan, hier war selbstständiges Denken gefragt. Das geflügelte Wort war immer: »Ergibt das Sinn?« Auch die Zeit am Kieler Institut hat mich intensiv geprägt. Mit Boris Culik, dem Pinguinphysiologen, und Rory Wilson, dem genialen Erfinder, saß ich oft stundenlang zusammen, wir haben gemeinsam Probleme hin und her gewendet und daran herumgeknobelt. Anschließend muss man einfach ausprobieren, ob das klappt, was man sich ausgedacht hat.

Ein Beispiel: Wir wollten eine von Rory entwickelte Magensonde testen und eichen, um sie so gut wie möglich für den Einsatz am frei lebenden Pinguin und auch für die Auswertung danach vorzubereiten. Dazu hatte ich im Labor als »Pinguinkörper« ein Wärmebad auf siebenunddreißig Grad Celsius erhitzt. Die Magenwand des Pinguins simulierte ich mit einem Kondom. Sonde rein, und dann ab damit ins Wasserbad. Jetzt musste nur noch kalter Fisch her, den der Pinguin ja frisst. Wenn der im Magen ankommt und dort eine Abkühlung verursacht, soll die Sonde entsprechend reagieren. Leider zerstachen die Gräten der Sprotten aber das Kondom. Beim zweiten Versuch bin ich dann auf Heringsfilets umgestiegen, grätenlos. Das hat wunderbar funktioniert. Ich konnte die Frage, wie sich die Sonde im Hinblick auf die Temperatur verhält, eindeutig beantworten. Bereits wenige Tage später bekam ich einen Anruf von einer Dame, die in der Buchhaltung der Universität arbeitete. Sie wollte doch gerne mal besser verstehen, warum ich Sprotten, Heringe und achtundvierzig Kondome auf Institutskosten hatte abrechnen lassen. Alles im Dienste der Wissenschaft! Schon bald sollten wir mit den so vorbereiteten Sonden bahnbrechende Ergebnisse erzielen.

Der Moment, in dem die Pinguine mit einem Fahrtenschreiber oder einem Satellitensender ausgerüstet werden, ist einer der wenigen, in denen ich als Pinguinforscher handgreiflich werde. Wie gesagt, ich muss mir die Tiere schnappen, auch wenn sie nicht wirklich Lust darauf haben. Wenn ich konzentriert bin und entschlossen vorgehe, bringen wir das aber beide gut und schnell hinter uns. Am liebsten setze ich die Geräte auf den Falklands ein, an Stellen, an denen ich mit dem Auto bis nahe an die Kolonie heranfahren kann. Erstens liebe ich es, mit dem Landrover durch die Torflandschaft zu düsen, auf unbefestigten Pisten und über Stock und Stein. Zweitens ist so ein Gefährt der perfekte Windschutz. Sanfte Hintergrundmusik aus der Autoanlage ist auch hilfreich bei der Arbeit, weil sie die Pinguine von einzelnen Geräuschen ablenkt, die beim Hantieren mit Autotüren und den verschiedenen Forschungsutensilien zwangsläufig entstehen. Mit Genesis habe ich sehr gute Erfahrungen gemacht.

Am Strand zwei junge Seeelefanten beim Schaukampf. Die Oberkörper aufgerichtet, werfen sie ihre bulligen Körper aneinander, das Klatschen ist weithin hörbar. Ein imposantes Gehabe, da will man als Mensch nicht dazwischengeraten. Ich kämpfe mich zu Fuß durchs dichte Tussockgras auf der Suche nach ein paar Pinguinen, jeder Schritt kostet Kraft. Um mich herum grunzt und rülpst, öfft und schnarcht es. Seeelefanten halten ein Nickerchen, im dichten, bis zu drei Meter hohen Tussockgras sind sie kaum zu sehen. Nur ja nicht auf sie treten, dann werden sie ungemütlich. Starker Wind trägt das Schnattern und Kreischen der Felsenpinguine vom Meer zu mir heran, sie können nicht mehr weit sein. An einer geeigneten Stelle am Rand der Kolonie bringe ich mich in Position. Ich schleiche mich an, und dann heißt es: schnell sein. Nackengriff wie bei einem Kätzchen. Das Federkleid eines Pinguins ist seidig weich, auch hier stimmt der Kätzchenvergleich – aber das war es dann auch in Sachen Kuscheln.

So ein Felsenpinguin wehrt sich wie wild, er schlägt mit Flippern und Füßen um sich und hat keinerlei Interesse an einer Kooperation mit der Wissenschaft. Die Flipper sind hart wie Holz und stehen denen ihrer größeren Verwandten in nichts nach; die weichen hellrosa Füße sehen harmlos aus, haben aber scharfe Krallen. Auch die Schnäbel sind nicht von schlechten Eltern. Vogelkundler erkennt man an den Narben an den Händen. Handschuhe tragen ist leider nicht praktikabel, ich habe dann keinen guten Griff mehr.

Ist der Pinguin geschnappt, bringe ich ihn in Position. Kopf zwischen die Knie, Schnabel nach unten, die Flipper rechts und links, die Füße zeigen zu mir. Ein auf meinem Schoß schlafender Pinguin könnte genau so aussehen, aber mein künftiger Datensammler denkt gerade eher ans Flüchten als ans Schlafen. Unter der starken Brustmuskulatur pocht sein Herz meiner Hand entgegen, ich ziehe ihm eine Socke über den Kopf, damit er sich beruhigt, und streichle ihn ein bisschen. Nicht, dass er das genießen würde, er ist ein wildes Tier. Ich möchte, dass er sich an die Berührung gewöhnt. Wir haben beide nichts davon, wenn er sich bei jedem meiner Handgriffe zu stark aufregt. Für die Statistik wird das Tier nun noch gewogen und der Schnabel vermessen. Anhand von Schnabeldicke und -länge lässt sich das Geschlecht feststellen.

Dann geht es daran, das Gerät anzubringen. Ich hebe die Rückenfedern an und lege in ordentlichen parallelen Streifen Tesa-Gewebeband ins Gefieder, eigentlich ganz simpel. So habe ich eine Auflagefläche und kann zusätzlich Pattex oder Neoprenkleber auf die Oberseite der Federn auftragen, ohne dass der Klebstoff die Federn mit der Haut verklebt. Erst jetzt platziere ich hier das Gerät, das Tesaband wird dann von unten nach oben darumgewickelt. Möglichst viele Hände sind bei dieser Prozedur hilfreich, im besten Fall begleitet mich jemand, der mir assistiert. Bei den kleineren Arten, die man sich auf den Schoß legen kann, geht es aber auch ganz gut allein.

Klingt alles eher unschön. In der konkreten Situation

empfindet der Pinguin die Maßnahme sicherlich nicht als Wellnessbehandlung. Wenn er alles hinter sich gebracht hat, wackelt er mit seinem Sender auf dem Rücken eilig und flügelschlagend davon – er sieht aber nicht so aus, als hätte er Schaden genommen. Es ist ein bisschen wie ein Zahnarztbesuch: Unangenehm, aber auch schnell wieder vergessen.

Mir ist es wichtig, noch einmal klarzustellen: Anfassen stresst die Tiere. Immer. Der zusätzliche Energieverbrauch von Pinguinen, die wir zu Forschungszwecken berühren oder untersuchen müssen, liegt bei bis zu zehn Prozent. Das habe ich gemeinsam mit einer Doktorandin herausgefunden. Das ist viel, es bedeutet ein paar Beutezüge mehr für die Tiere. Wir sind daher darauf bedacht, die Vögel einem solchen Stress möglichst kurz auszusetzen. Ein ungutes Gefühl scheint bei einigen doch hängen zu bleiben: Wenn ich Wochen später in die Kolonie zurückkomme, um die Fahrtenschreiber wieder abzunehmen, dann weiß ich meistens sofort, wer Daten für mich auf dem Rücken herumträgt: Es sind immer die Pinguine, die am schnellsten vor mir weglaufen. Von dem bekannten britischen Pinguinforscher Bernard Stonehouse ist der Satz überliefert: »Ich habe oft den Eindruck, dass für Pinguine ein Mensch nur ein anderer Pinguin ist, verschieden, weniger vorhersehbar, manchmal rabiat, aber erträgliche Gesellschaft, solange er stillsitzt und sich um seinen eigenen Kram kümmert.«

Immer wieder einmal, wenn ich still in der Kolonie sitze oder liege, passiert es, dass ein Pinguin selbst auf die Idee kommt, sich mir zu nähern. Vor allem Pinguinküken sind sehr neugierig – die geborenen Forscher! Da wird dann mal intensiv mit dem Schnabel an der Hose gezupft und untersucht, was das für ein komischer Pinguin ist, in Gummistiefeln und mit Rucksack auf dem Rücken. Manchmal halte ich ein Nickerchen mitten in der Kolonie, dann kann es durchaus passieren, dass ich vom Picken eines besonders forschen Viechs geweckt werde. Deshalb bedecke ich immer mein Gesicht, meine Augen sind mir lieb und teuer. Besonders lustig wird es, wenn die Vögel anfangen, auf mir herumzuklettern. Gerade die Kleinen tun das gerne. Sie lieben es, den Überblick zu haben, und das auch gerne mal vom Gipfel des Mount Pütz aus.

Ich empfinde es jedes Mal als Ehre, wenn ein wildes Tier beschließt, mit mir Kontakt aufzunehmen. Anders als ein Haustier sind Pinguine perfekt angepasst, sie brauchen uns zu nichts. Es ist die reine Neugier. Ein Blick in die Augen eines Pinguins aus nächster Nähe ist schwer zu beschreiben. Sie sind undurchdringlich, ganz anders als die Augen von Säugetieren. Felsenpinguine haben diabolisch rote Augen, die in der Sonne aufleuchten wie Rubine. Eselspinguine und Adelies haben dunkelbraune Augen, bei Kaisern und Königen sind sie graubraun bis schwarz. Da ist etwas grundlegend anderes in ihrem Blick. Unsere gattungsgeschichtlichen Wege haben sich eben schon vor langer Zeit getrennt, wir haben es mit direkten Nachfahren der Dinosaurier zu tun.

Wie viel Intelligenz aus diesen Blicken spricht? Darüber wird viel spekuliert. Spatzenhirn? Ich finde diese Frage schwer zu beantworten. Das Thema lädt sehr zum Vermenschlichen ein. Wir neigen dazu, Intelligenz an menschlichen Maßstäben zu messen. Ob Pinguine Betreuungsstunden zählen, Beziehungsdiskussionen führen oder fürs Alter vorsorgen wie wir, ist höchst fraglich. Eindeutig auf der Hand hingegen liegt, wie perfekt sie an ein Leben unter extremen Bedingungen angepasst sind. Hätten wir den gleichen Job wie Pinguine zu erledigen – wir wären schnell hinüber.

Von perfekter Anpassung und guten Strategien

Über vierhundert Meter tief tauchen, und das über neun Minuten lang – für Königspinguine gehören solche Tauchgänge zur Tagesordnung, Menschen können davon nur träumen. Ihr Rekord im Tieftauchen ohne Hilfsmittel liegt bei hundertzweiundzwanzig Metern, und ich glaube nicht, dass der Weltrekordhalter dabei noch die Muße hätte, Fische zu fangen.

Pinguine tauchen auch besser als Säugetiere von vergleichbarer Größe. Ein Antarktischer Seebär zum Beispiel ist mit hundertfünfzig Kilogramm etwa fünfmal so schwer wie ein Kaiserpinguin und taucht nur halb so tief. Der Rekord von Kaiserpinguinen liegt bei fünfhundert Metern Tiefe und einer Dauer von über zwanzig Minuten.

Die Frage, wohin Pinguine ziehen, ist eng verknüpft mit der Frage, was sie dort tun. Eine Vermutung liegt nahe: futtern. Mit der bereits beschriebenen Magenspülmethode lässt sich feststellen, was die Tiere fressen. Komplizierter wird es, wenn man herausfinden will, wie sie es anstellen, sich auf ihren langen Wanderungen den Magen zu füllen – und darüber hinaus auch noch ihr Küken mitzuversorgen, und das ohne Einkaufswagen.

Während meiner Postdoc-Zeit war ich Teil einer Forschungsgruppe, die diese komplexen Vorgänge näher ergründen wollte. 1991 brachen wir das erste Mal auf die bereits erwähnten Crozetinseln auf. Diese kleine Inselgruppe, französisches Überseegebiet, liegt im südlichen Indischen Ozean, in den für ihre unerbittlichen Dauerstürme berühmten *Roaring Fourties*. Zweitausend Kilometer südlich von Madagaskar ragen die Inseln als ein paar Vulkanspitzen aus dem aufgewühlten Indischen Ozean. Früher waren sie ein strategisch wichtiger Ausgangspunkt für Seefahrer, die von Afrika nach Australien wollten.

Dieses Mal hatte ich meinen Aufenthalt im Feld in Ruhe vorbereiten können. Mein französischer Kollege Charles Bost, genannt Charly, war von der Universität Strasbourg eigens nach Kiel gekommen, um sich bei uns in die Materie einzuarbeiten. Wir hatten vor, Pinguine sowohl mit Magensonden als auch mit Fahrtenschreibern auszustatten. Bis dato hatte noch nie ein Forscherteam beide Geräte gleichzeitig eingesetzt, mein Kieler Institut war in diesen Fragen zu jener Zeit weltweit führend.

Kurz vor unserer Abfahrt hatte Gerald Kooyman, der besagte amerikanische Pinguinpapst, ein wichtiges wissenschaftliches Paper veröffentlicht. Nach den Forschungen zum Tauchverhalten der Kaiserpinguine hatten er und sein Team nun auch das Tauchverhalten von Königspinguinen untersucht. Entsprechend nervös waren wir im Vorfeld: Würden wir noch etwas Neues herausfinden können, oder hatten die Kollegen aus den USA und Frankreich thematisch schon alles abgefrühstückt? Unsere Sorgen sollten sich schnell als unbegründet erweisen.

Damals verwendeten wir die erste Generation von Magensonden, sogenannte EATL (Einkanalige Automatische Temperatur-Logger), mit deren Testung wir die universitäre Buchhaltung irritiert hatten. Diese Geräte registrieren jeden Temperaturwechsel im Magen und verknüpfen ihn mit dem jeweiligen Zeitpunkt. Das Prinzip ist einfach: Ein Pinguinmagen hat eine Normaltemperatur von siebenunddreißig Grad, vergleichbar mit der Körpertemperatur des Menschen. Wenn der Proband nichts im Magen hat, misst die Sonde siebenunddreißig Grad. Fisch hat Umgebungstemperatur, also in pinguintauglichen Gewässern maximal zehn Grad. Sobald ein Fisch im Magen des Pinguins ankommt, registriert die Sonde einen plötzlichen Temperaturabfall. Je nachdem, wie groß der Fisch ist, dauert es kürzer oder länger, bis er auf Körpertemperatur gebracht ist. Wenn ich später die Daten aus dem Logger auslese, kann ich mir so einen Reim darauf machen, wann, wie oft und wie viel der Pinguin gefressen hat.

Meine erste Ankunft auf Crozet werde ich nie vergessen. Neben den paar dort stationierten französischen Soldaten lebt auf den Inseln eine gewaltige Vielfalt an Tieren. Es wimmelt dort nur so von Leben, in den ersten Tagen war mir ganz schwindelig vor Begeisterung. Wir waren wegen der siebenhunderttausend Brutpaare Königspinguine angereist. Crozet war damals das größte Brutgebiet für Könige. Ich hatte bis dato nur Kaiserpinguine gesehen und traute meinen Augen kaum: Tatsächlich sehen Königspinguine den

Kaiserpinguinen zum Verwechseln ähnlich, ihr Schnabel ist allerdings noch ein bisschen länger und schmaler, und die Bäckchen sind von kräftigerem Orange als bei der kaiserlichen Verwandtschaft. Königspinguine sind auch kleiner, nur neunzig Zentimeter groß, und entsprechend leichter.

Es war September, in der Königskolonie standen die Küken aus dem Vorjahr in voller flauschiger Größe am Strand und machten in vollpubertärer Manier die Kolonie unsicher. Königspinguine sind die einzigen Pinguine, die ihre Küken bis zu einem Jahr lang pflegen. Zusätzlich haben sie von Crozet aus den weitesten Weg zur Nahrung. Sie müssen dafür etwa dreihundertfünfzig Kilometer weit nach Süden schwimmen, bis zur Antarktischen Konvergenz. Mutter oder Vater gehen in dieser Phase der Brutzeit für etwa zehn Tage auf Nahrungssuche ins Meer und kommen dann mit einem Bauch voller Fisch für den Nachwuchs zurück. Für uns Forscher also ein günstiger Moment, um den Fragen nach dem Wo und Wie auf den Grund zu gehen.

Ich kannte das Prozedere des Pinguinfangens ja bereits aus der Antarktis und konnte nun meinen französischen Kollegen in diese Kunst einweihen. Schnell stellte ich fest, dass Königspinguine einfacher zu handhaben sind als Kaiser; sie sind nur etwa halb so schwer und nicht ganz so wehrhaft. Sobald der erste Pinguin geschnappt war, betrat allerdings auch ich Neuland, denn der Einsatz von Magensonden war eine Premiere. Bald hatten wir den Dreh raus: Schnabel aufsperren und den Vogel liebevoll dabei unterstützen, das Gerät in einem etwa zigarrengroßen Gehäuse aus Titan zu schlucken. Anfangs haben wir die Geräte noch mit Butter eingefettet, aber bald stellten wir fest, dass das bei dieser großen Art gar nicht nötig war. Pinguine haben keinen Kehlkopf, man hilft einfach mit der Hand ein bisschen nach, und schon liegt die Sonde im Magen und registriert von diesem Moment an jede Veränderung der Temperatur. Während meines Aufenthalts auf Crozet haben wir mit Hilfe der Militärkrankenstation einmal eine Röntgenaufnahme von einem Pinguin gemacht. Da sieht man das sehr schön: Die Sonde rutscht ganz nach unten auf den Magengrund und kommt dann sozusagen zwischen den Füßen zu liegen.

Die Magensonden waren schnell verteilt und die entsprechend befrackten Datenträger an den Flügeln mit farbigem Tesa-Gewebeband markiert. Nur so findet man die betreffenden Tiere wieder. Weitaus schwieriger sollte es werden, die Geräte wiederzubekommen. Als unsere Datensammler von ihren Beutezügen zurückkehrten, überprüften wir zunächst mit einem Metalldetektor bei jedem einzelnen Tier, ob die Sonde noch im Magen war. Überall Fehlanzeige. Zunächst misstrauten wir dem Detektor. Aber selbst als wir die Tiere in gewohnter Manier auf den Kopf stellten, förderten wir zwar viel interessanten Mageninhalt zutage, aber keine einzige Sonde.

Eines schönen Nachmittags saß ich in der Kolonie, umgeben von schnatternden, fiepsenden, zwitschernden, trötenden Gesellen, und schaute den Königen bei der Fütterung zu. Für mich persönlich sind sie die Schönheitskönige unter den Pinguinen. Was bei den Kaisern schwarz ist, tragen sie in einem Anthrazitgrau, das fast ins Blaue spielt. Im Kontrast zum orangefarbenen Farbverlauf der oberen Brust ist das noch mal besonders extravagant. Den Küken sieht man diese bevorstehende Pracht allerdings in keiner Weise an. Sie stehen einfach fluffig und dummdreist in der Gegend herum und sind extrem verfressen.

Da! Direkt vor meinen Augen verfütterte ein Elterntier seinem Küken einen besonders dicken Klumpen - und schlagartig ging mir ein Licht auf. »Charly, ich glaube, ich weiß, wo die Magensonden abgeblieben sind!« Ich sprang auf und hechtete auf den Hügel zur Militärstation.

Wenig später konnte man am Strand zehn französische Soldaten bei einem ungewöhnlichen Manöver beobachten. In der Bucht von Crique de la Chaloupe wurden zweihundertfünfzig Königspinguinküken wie eine Schafherde zusammengetrieben. Charly hielt mir die strampelnden Küken entgegen, und ich filzte jedes einzelne mit dem Metalldetektor. Möp möp - ab ins Gehege und zur Magenspülung. Auf diese Weise haben wir bis auf eine Sonde wirklich alle wiedergefunden. Und wir hatten wunderbare Datensätze zum Temperaturverlauf: von den Alttieren, die auf See Nahrung erbeutet hatten, und von den Küken an Land gleich mit, alles auf einen Streich.

Die Rückschlüsse, die wir aus dem gewonnenen Datenmaterial ziehen konnten, waren ziemlich spektakulär. Wir konnten nachweisen, dass Königspinguine nicht nur beeindruckende Taucher sind, sondern auch, dass sie weitaus cleverer sind als bis dato angenommen. Mit diesen Ergebnissen waren wir der Forschungsgruppe rund um Kooyman einen entscheidenden Schritt voraus.

Königspinguine tauchen im Schnitt über zweihundert Meter tief, der Rekord liegt bei über vierhundert Metern, und sie können bis zu zehn Minuten unter Wasser bleiben. Pinguine, genauso wie auch Robben und Wale, können im Vergleich zu anderen Landtierarten sehr viel Sauerstoff im Blut und im Gewebe speichern. Während des Tauchens schaltet ihr Stoffwechsel auf Winterruhe, so sparen sie Energie. In der Tiefe schlägt ihr Herz langsamer, und nur noch die überlebenswichtigen Organe werden mit Blut versorgt.

Pinguine sehen unter und über Wasser sehr gut. Sie sind auf Schwarz und Grau spezialisiert, das bewährt sich sowohl unter Wasser als auch im Sternenlicht der (sub-)antarktischen Nächte. Ihr Sehvermögen lässt sich im Dunkeln durchaus mit dem Sehvermögen einer Eule vergleichen. Es ermöglicht ihnen, auch in großen Tiefen ihre Beute zu sehen. Oft leuchtet ihnen ihr Futter auch ein Stück weit entgegen. Leuchtsardinen zum Beispiel schalten nachts die Lampe an, sie lumineszieren – daher ihr Name. Allerdings jagen Pinguine, auch das konnten wir damals nachweisen, vor allem tagsüber, denn nachts schlafen sie meist auf der Wasseroberfläche treibend.

Immer mal wieder kommt mir die Behauptung zu Ohren, dass Pinguine Kiesel als Ballast benutzen, um tiefer tauchen zu können. Ich halte das für Humbug, schon rein rechnerisch. Pinguine haben Luft im Gefieder, sind also leichter als Wasser. Gegen diesen Auftrieb müssen sie anarbeiten, während sie abtauchen. Ab einer gewissen Tiefe gleicht sich das aufgrund des Drucks aus. Zum Auftauchen lassen sie sich überwiegend passiv an die Oberfläche treiben – und diesen energiesparenden Vorgang stört ein Magen voller Steine doch erheblich. Was allerdings stimmt, ist, dass sie erstaunlich viele Steine fressen und auch an ihre Küken verfüttern. Wie bereits beschrieben tun sie das meiner Einschätzung nach, um mit Hilfe der Kiesel die unverdaulichen Keratinreste aus der Nahrung, die sich in ihrem Magen anlagern, zu zerstoßen und die Passage zu erleichtern. Wir Menschen essen ja auch Ballaststoffe, um im Darm aufzuräumen. Meine Vermutung ist, dass Alttiere immer dann Steine verfüttern, wenn sie keine oder zu wenig Nahrung finden. Ich habe schon tote Küken gesehen, die randvoll mit Kieseln und Steinbrocken waren. Nicht unbedingt die ideale Diät – und ein deutliches Zeichen dafür, dass mit dem Zugang zur Nahrung etwas nicht stimmt.

Antarktische Pinguine fressen hauptsächlich Krill, aber auch eine Reihe verschiedener Fische und Tintenfische. Königspinguine hingegen leben vor allem von Leuchtsardinen. Das sind stark ölhaltige Fische, echtes Superfood, für das es sich lohnt, weit zu schwimmen: zur Kükenzeit bis zur Konvergenz und im Winter sogar bis an die Packeisgrenze. Leuchtsardinen sind sogenannte Vertikalwanderer, sie ziehen durch die Ozeane wie Schwärme von Jojos in Zeitlupe, immer auf und ab. Dabei leuchten sie gelegentlich aufgrund der Biolumineszenz vor sich hin. Im Tagesverlauf ändern sie die Tiefe, in der sie schwimmen. Nachts treiben sie nahe der Oberfläche. Bei Sonnenaufgang lassen sie sich langsam in die Tiefe sinken, wo sie den Tag verbringen, und abends steigen sie wieder auf. Diesen Wanderbewegungen schwimmt ein jagender Königspinguin hinterher. Er stellt sich auf seine Beute ein und plant seine Jagd genau.

Von wegen Intelligenz: Pinguine gelten landläufig als ziemlich doof, ihre Fortbewegung an Land vermittelt ja auch nicht unbedingt den Eindruck eines hohen Intelligenzquotienten. Sie sind aber keine dummen Viecher. Ein Pinguin weiß ganz genau, was er tut. Will er einfach mal eine Runde gucken gehen, was so an Leckereien herumschwimmt, unternimmt er einen Tauchgang in V-Form. Einmal runter und wieder rauf. Weiß er schon, dass sich sein Beutezug lohnen wird, legt er es auf einen Tauchgang an, der einem W ähnelt. Er taucht also einmal ab und verändert dann in großer Tiefe seine Tauchhöhe nur wenig, während er sich unter Wasser den Bauch vollschlägt. U-Tauchgänge haben wir vor allem in der Dämmerung beobachtet, dann, wenn die Sardinen ihre Wanderung nach unten oder oben zurücklegen. Der König taucht dann einmal hinab, lässt sich gemeinsam mit den Leuchtsardinen nach oben treiben und fischt sich während des Auftauchens das Abendbrot aus der Wassersäule. An einem erfolgreichen Tag kann er sich bis zu dreihundertfünfzig Gramm Fisch pro Stunde einverleiben. Er ist allerdings ein hektischer Esser, gemütlich hinsetzen ist nicht, er futtert quasi im Flug. Kleine Widerhaken aus Hornhaut im Gaumen und auf der Zunge helfen ihm dabei. So hat der Fisch, der mit dem Kopf zuerst geschluckt wird, keine Chance, den Rückwärtsgang einzulegen. Das nenne ich Effizienz! Für Nichtwissenschaftler mag das wenig spektakulär klingen, aber für uns waren diese Funde sensationell.

Ein Pinguin schwimmt, wenn er sich von A nach B bewegt, bis auf wenige Ausnahmen immer gleich schnell. Mit sieben bis acht Kilometern pro Stunde ist er in etwa so schnell wie ein Nordic Walker bei strammem Schritt. Das ist sein Energieoptimum, ähnlich wie bei einem Auto, das bei neunzig Stundenkilometern im höchsten Gang am wenigsten Sprit pro Strecke verbraucht. Deshalb variiert der Pinguin seine Ab- und Auftauchgeschwindigkeit vorwiegend über den Winkel. Auch seine Atemfrequenz passt er dem Szenario an, das er in der Tiefe erwartet. Das heißt, er nimmt nur so viel Luft mit nach unten, wie er bei dem geplanten Tauchgang braucht. Und das wiederum bedeutet: Ein erfolgreich jagender Pinguin weiß auch hier, was er tut. Er ist in der Lage, komplexe Szenarien auszukundschaften und sich dann so zu verhalten, dass er mit möglichst wenig Energieaufwand seine Wampe möglichst voll bekommt.

Mit meiner Forschungsarbeit auf Crozet konnte ich zeigen, dass die Königspinguine aus der Subantarktis bis zur Antarktischen Konvergenz schwimmen, um zu fressen. Sie legen zu ihren Jagdgründen dreihundertfünfzig bis vierhundert Kilometer zurück, pro Tag weit mehr als hundert. Das allein ist schon beeindruckend genug.

Bahnbrechend allerdings war die Erkenntnis, dass sie im Winter noch viel weiter schwimmen, nämlich bis an die antarktische Packeisgrenze. Das ist bemerkenswert, denn normalerweise ziehen Zugvögel im Winter in wärmere Gefilde, so wie unsere Graugänse oder Schwalben. Natürlich haben Königspinguine einen triftigen Grund, sich in die Kälte aufzumachen: Die Packeisgrenze ist ein Gebiet, in dem es viel Nahrung gibt. Diese Zone dehnt sich im Südwinter nach Norden hin aus. Wenn sich Eis bildet, wird das Meerwasser salziger und sinkt ab. Dieses absinkende Wasser wird durch leichteres ersetzt. Dadurch entsteht eine Abtriebsströmung, die ein üppiges Büfett mit sich bringt – es scheint die weite Reise wert zu sein.

Endlich hatten wir eine Antwort auf die Frage, warum Könige ihre Küken den ganzen Winter über allein lassen. Sie sind die einzigen Pinguine, die das tun, und es scheint auf den ersten und auch zweiten Blick schon ein bisschen sonderbar. Erst werden die Küken mit viel Aufwand gepäppelt. Die Eltern schwimmen abwechselnd zur Konvergenz, um zu fressen, alle ein bis zwei Wochen wird getauscht. Innerhalb weniger Wochen verdoppeln die Küken ihr Gewicht und sind zu guter Letzt schwerer als ihre Eltern. Wenn die halb verhungerten Altvorderen dann schließlich beide ins Meer gehen, um wieder zu Kräften zu kommen, stehen die Küken mehrere Monate unbeaufsichtigt am Strand herum, in den berühmten Kindergärten. Sie treten von einem Fuß auf den anderen, schlagen ab und zu mal aufgeregt mit den Flügeln und verlieren, bis Mama und Papa zurückkehren, wieder die Hälfte ihres Körpergewichts. Die Eltern sind währenddessen auf hoher See und schlicht zu weit weg, um mit vollem Bauch zu ihren Küken zurückzuschwimmen und sie zu füttern.

Was Pinguineltern leisten, ist wirklich erstaunlich. Sie können sich nicht einfach eine Currywurst holen, wenn sie müde von der Arbeit kommen und auf dem Heimweg der Blutzuckerspiegel fällt. Nachdem sie tage- und wochenlang – Kaiserpinguine sogar monatelang! – in der Kälte gestanden und gefastet haben, müssen sie noch ein paar Hundert Kilometer ins Meer hinausschwimmen, bis es endlich etwas zu essen gibt. Als technisch und strategisch hervorragende Taucher sind sie dann in der Lage, sich ruckzuck all die Kilos wieder anzufuttern, die sie sich zuvor für den Nachwuchs abgerungen haben. In diesem Sinne sind sie wahre Hochleistungsstoffwechsler.

Pinguinologen haben sich lange gefragt, wie solche Hochöfen überhaupt nahrhaftes Futter für ihr Küken zurück in die Kolonie bringen können. Bereits verdaute Nahrung hat noch keinen Popeye groß und stark gemacht. Auch diese Frage konnten wir später auf Crozet klären. Dazu setzten wir eine Kombination aus Fahrtenschreibern, Magensonden und speziellen Speiseröhrensonden ein. Als wir nach und nach begriffen, was unsere gesammelten Daten bedeuteten, waren wir mehr als verblüfft.

Pinguine haben ein Problem: Sie haben nur einen Magen, müssen aber Futter für zwei heranschaffen. Königspinguine, und vermutlich auch andere Arten, begegnen dieser Herausforderung, indem sie bei Bedarf ihren Hochleistungsmagen auf Kühlcontainer umstellen. Auf Crozet konnten wir zeigen, dass Königspinguine in der Lage sind, bestimmte Körperregionen abzuschalten. Sie machen dann sozusagen einen partiellen Winterschlaf. Dieses willentliche Runterfahren hilft ihnen, wie schon beschrieben, beim Tauchen, denn sie sparen dadurch Energie. Gleichzeitig ist es die ideale Lösung, um die Versorgung des Kükens sicherzustellen. Sobald die Eltern den eigenen Energiebedarf gedeckt haben, fressen sie für den Nachwuchs.

In diesem Moment aktiviert der Pinguin einen weiteren raffinierten Mechanismus, wie ich mit Kollegen herausgefunden habe: Zuerst wird die Magentemperatur drastisch heruntergefahren, von siebenunddreißig Grad auf Umgebungstemperatur. Zusätzlich wird der Säuregehalt im Magen reduziert, um die Verdauung zu drosseln. Und, noch raffinierter: Es wird sogar ein antibiotikumsartiger Stoff produziert, der verdauungsfördernde Bakterien hemmt. So entsteht eine perfekte Kühlkette. Der Fisch kann dem Küken in bester Bofrost-Qualität geliefert werden. Ich habe selbst bei Magenspülungen Fische aus Pinguinen herausgeholt, die so frisch aussahen, dass ich richtig Appetit darauf bekam.

Diese Ergebnisse konnten wir im Jahr 1997 im Fachjournal *Nature* veröffentlichen. Wissenschaftlich war dieses Paper mein Durchbruch. Einen Artikel in *Nature* lesen Naturwissenschaftler aus allen Fachrichtungen, und auch die allgemeine Presse hat ein Auge darauf. Kurze Zeit später war ich dann auch das erste Mal zu Gast in einer Fernsehtalkshow. Heute bin ich freier Forscher, meinen guten Ruf habe ich mir über die Jahre aufgebaut. Gott sei Dank bin ich nicht mehr davon abhängig, in welcher wissenschaftlichen Zeitschrift meine Veröffentlichungen erscheinen. Allerdings will ich den Tieren zuliebe meine Forschungsergebnisse weiterhin so veröffentlichen, dass sie eine möglichst große Sichtbarkeit und Reichweite erhalten.

Auch wenn Hochleistungsöfen und mobile Kühlkammern es nicht vermuten lassen: Auch in Sachen Energieeffizienz macht den Pinguinen so schnell niemand etwas vor. Beim Energiesparen halten sie es wie echte Schwaben. Ein Eselspinguin hat bei langsamer Schwimmgeschwindigkeit pro Sekunde den Verbrauch einer Sechzigwatt-Glühbirne. Ein Adeliepinguin verbrennt pro hundert Kilometer Schwimmstrecke etwa ein Kilogramm Krill. Liefe er mit Benzin, wäre er das ultimative Sparmodell, denn ein Liter Benzin würde ihn eineinhalbtausend Kilometer weit bringen. Das liegt an seinem nahezu nicht vorhandenen Strömungswiderstand, beim Auto spricht man vom cw-Wert, auch Widerstandsbeiwert genannt. Der liegt beim Pinguin bei unter 0,04. Da kann sich jeder Porsche schlafen legen. Diese Tiere sind einfach zum Niederknien stromlinienförmig.

Das Geheimnis liegt in der Spindelform, vor allem in den stufenweisen Verdickungen und Verjüngungen vom Schnabel zum dickeren Kopf hin, dann über den schmaleren Hals zum Körper, wodurch ein zu frühes Abreißen der Umströmung verhindert wird. Der Pinguin ist deshalb auch Inspiration und Vorbild für Bioniker. Das ist die Disziplin, die sich Lösungen für technische Probleme bei der Natur abguckt. Mein Kollege Rudolf Bannasch ist da führend. Schiffsrümpfe, Zeppeline, Torpedos - sie alle orientieren sich am Pinguin. Auch die Queen Mary II macht diesen Trend mit. Sie sieht von unten aus wie ein halber Pinguin. Der sogenannte Bulbus, der Teil, der vorne vor dem Bug aus dem Wasser ragt, entspricht dem Kopf.

Wie kommt man auf solche Zahlen und Vergleiche? Mein Kieler Kollege Boris Culik hat zum Energieverbrauch des Pinguins mit Hilfe eines Schwimmkanals geforscht. In der Antarktis hat er so den Energieverbrauch von Adeliepinguinen untersucht, auf Crozet dann den von Königspinguinen. Einen solchen Kanal kann man sich wie ein sehr langes, sehr schmales Schwimmbecken vorstellen, dreißig Meter lang, einen Meter fünfzig breit und genauso tief. Die Pinguine können nur an den Enden ab- und auftauchen, dort wird in einer Art Atemkammer gemessen, wie viel Sauerstoff sie verbrauchen. Je mehr sie sich anstrengen, desto mehr Sauerstoff benötigen sie, das ist nicht anders als bei uns. So lässt sich herausfinden, wie viel Energie die Pinguine fürs Schwimmen aufwenden müssen. Im Kanal lassen sich die Stoffwechselparameter der Probanden messen, und durch die Plexiglasscheibe kann man ihnen prima beim Schwimmen zuschauen und jede Bewegung erkennen.

Klingt einfach, ist aber relativ kompliziert. Beim ersten Versuch, das Ding mit Wasser zu befüllen, platzte das Becken, und eine riesige Welle spülte über den Strand. Wir haben die ganze Konstruktion dann erneut aufgebaut und zusätzlich verstärkt, eine Pumpe installiert und den Kanal mit Meerwasser befüllt. Ein Filter musste her, den haben wir aus alten, zerlöcherten Konservendosen gebaut. Währenddessen schwammen unsere Pinguine mit der neuesten Satellitentechnologie auf dem Rücken im Meer herum. Diese Kombination aus Hightech und Improvisation, die macht mir immer wieder Spaß.

Energieeffizienz hin oder her, auch im Leben eines Pinguins gibt es Momente, in denen die beste Anpassung nichts nützt. Dazu gehören zum Beispiel schlimme Stürme. In der Bucht Baie du Marin auf Crozet habe ich einmal erlebt, was ein heftiger Sturm für eine Pinguinkolonie bedeuten kann. Innerhalb weniger Stunden bauten sich die Wellen haushoch auf und schlugen an Land. Das Wasser drückte weit in die Kolonie hinein – und den Pinguinen spülte es buchstäblich die Eier unter den Bäuchen weg. Sie versuchten vom Wasser abzurücken, gerieten dabei aber in die Territorien ihrer Nachbarn. Dies führte dazu, dass sie hemmungslos aufeinander einhackten und -prügelten – der erwähnte

Schutzreflex, der in so einem Moment kräftig nach hinten losgeht. Meine Kollegen und ich haben natürlich versucht, Eier und Pinguine zu retten, aber wir kamen nicht weit.

Das Ergebnis dieses Sturms war eine einzige Katastrophe: blutige Pinguine, völlig zerrupft, ihre Eier irgendwo im Meer. Innerhalb kürzester Zeit hatte der Sturm sicher fünftausend Küken und Eier vernichtet. Das hat mich sehr betroffen gemacht. Und wütend. Als Forscher im Feld ist der Tod ein tägliches Ereignis, das man einzuordnen und mit dem man klarzukommen lernt. Hier liegt ein verendeter Kormoran, dort reißt ein Orca einen Seeelefanten, da greift sich eine Skua ein Pinguinküken. Seeelefanten und Seeleoparden schwimmen Patrouille am Strand, und einen wird es erwischen. Das ist nicht schön, aber es ist eben so. Jeder hat das gleiche Recht zu leben. Ein Sturm ist nicht »unbarmherzig«, auch wenn wir das so empfinden. Er ist einfach, was er ist.

Aber was Menschen bauen, das ist nicht zufällig. Sie treffen Entscheidungen, die durchaus auch anders ausfallen könnten. Die Heizöltanks der Militärstation in der Bucht von Baie du Marin standen in der Mitte der Kolonie. Dadurch war nicht nur eine große bewährte Brutfläche besetzt worden, sondern es waren auch viele Tiere an den Rand der Kolonie gedrängt worden. Die Tanks hat der Sturm nicht erreicht, auf diesem Terrain hätten sich viele Tiere in Sicherheit bringen können. So etwas macht mich richtig sauer. Es ist wie überall: Die Tiere können leider keine Lobbyarbeit für sich selbst machen, auch wenn sie den Schnabel noch so weit aufreißen.

TEIL III

WELT IM WANDEL – PINGUINE IN GEFAHR

Die Pest am Hals – Endstation Ölteppich

Schröder hat endlich aufgehört zu trödeln. Die letzten Tage ist er nur in der Nähe seiner Kolonie kreuz und quer geschwommen. Jetzt zieht der Magellanpinguin zielstrebig nach Norden, seine Kollegen tun es ihm gleich. Schröder und seine Freunde sind adoptiert, und jeden Tag schaue ich nach, wo sie stecken und was sie treiben. Ganz bequem von meinem Schreibtisch in Bremervörde aus. Die Tiere sind Patenkinder des *Antarctic Research Trust*, benannt nach den jeweiligen Spendern oder nach deren Ehefrauen oder Hunden oder eben nach ehemaligen Bundeskanzlern. Eintausendfünfhundert Euro kostet die Adoption eines Pinguins. Für diese Summe kann ich Schröder mit einem Satellitensender ausrüsten und dann, solange der Sender auf seinem Rücken bleibt, seine Position bestimmen. Die entsprechenden Informationen schickt mir eine Firma, die Satellitendaten auswertet, täglich per E-Mail zu. Neuerdings werden die Positionen sogar gleich automatisch auf einer Karte eingetragen. Auf diese Weise kann ich über den Zeitraum von mehreren Monaten hinweg die Wanderungen der Pinguine nachverfolgen und in Bezug setzen zu Parametern wie Wassertiefe oder Temperatur. Auch die Spender können sich online über den Lebenswandel ihres Pflegekinds auf dem Laufenden halten.

Pinguine sind Zugvögel. Na ja – fast alle. Auch hier greift wieder die Regel, dass in der Biologie die Ausnahme von der Regel die eigentliche Regel ist. Eselspinguine kehren wie brave Beamte das ganze Jahr über regelmäßig an Land zurück. In der Antarktis sind sie deshalb auch nur auf der Antarktischen Halbinsel anzutreffen, der Copacabana des Kontinents. Dort gibt es das ganze Jahr über Stellen, die eisfrei bleiben. Fast alle anderen Arten aber sind echte Wandervögel. Wie bereits beschrieben: Schon während der Aufzucht der Küken legen sie zum Teil Hunderte von Kilometern zurück, um sich und ihr Küken zu ernähren. Sobald die Kleinen flügge sind und das Federkleid frisch gemausert ist, stürzen sich die Pinguine in die Fluten – der Nahrung hinterher, wie sollte es anders sein. Als Faustregel lässt sich sagen: Die antarktischen Arten ziehen im Winter vom Eis weg, also nach Norden. Sie schwimmen an die Packeisgrenze, an der entlang sich durch die Eisbildung Nährstoffe ansammeln, die wiederum das gesamte Netz des Lebens nach sich ziehen: ordentlich Krill, Fisch und Tintenfisch. Die Königspinguine aus Crozet und von den Falklandinseln fressen am gleichen Büfett, kommen aber von Norden her zur Packeisgrenze geschwommen. Die Felsen- und Magellanpinguine, die ich auf den Falklandinseln und in Südamerika erforsche, schwimmen hingegen kreuz und quer, je nachdem, wo sie brüten, und auch je nach Wassertemperatur und Strömungen von Jahr zu Jahr. Manchmal ist es für mich schwer zu unterscheiden, was da jetzt die Ausnahme ist und was die Regel. Die Wegstrecken, die die Tiere zurücklegen, sind in jedem Fall beeindruckend. Bis zu fünfundzwanzigtausend Kilometer – und das, ohne je an Land zu gehen! Nicht schlecht für einen Vogel, der gerade mal die Größe einer kleinen Gans hat.

Als Wissenschaftler ist es für mich wichtig, ihre Routen und ihr Wanderverhalten genau zu kennen. Auch das gehört zur Grundlagenforschung. Mein Interesse hat aber noch einen anderen Grund: »Meine« Pinguine werden immer weniger, und ich will herausfinden, warum.

Direkt vor meinen Augen spielt sich das Drama um die Felsenpinguine auf den Falklandinseln ab. Noch in den Dreißigerjahren lebten dort vermutlich um die 1,5 Millionen Brutpaare. Heute sind es zwischen zwei- und dreihunderttausend, die Zahlen schwanken von Jahr zu Jahr. In manchen Kolonien braucht man gar nicht mehr zu zählen, da sieht man schon auf den ersten Blick, dass viel weniger Nester besetzt sind als im Vorjahr. Die Frage ist: Warum? An Land scheint alles in Ordnung zu sein, es gibt keine nennenswerten Räuber, und die Falkländer lieben ihre Pinguine. Das Problem muss also im Wasser liegen.

Um konkreter nachvollziehen zu können, was sich da abspielt, habe ich das Wanderverhalten meiner Falklandpinguine mit ihren Cousins von Isla de los Estados, einer unbewohnten Insel östlich von Feuerland, verglichen. Dort, am südöstlichsten Zipfel Südamerikas, leben etwa hundertdreißigtausend Felsenpinguinpaare. Die beiden Brutgebiete liegen nur vierhundertfünfzig Kilometer voneinander entfernt – und die einen sterben, während die anderen prächtig gedeihen. Was ist da los?

Zwei Jahre und viele teure Satellitenübertragungsstunden später war ich schlauer. Die Tiere gehen im Winter sozusagen in verschiedenen Restaurants essen, und ihre Wege dorthin sind unterschiedlich gefährlich. Falkländische Felsenpinguine ziehen entlang des Patagonischen Schelfhangs nach Norden, auf der Ostseite von Südamerika. »Schelf« nennt man den unter Wasser liegenden Kontinentalsockel, der dann in einem steilen Abhang in die Tiefsee des Atlantischen Beckens hinabfällt. Die Falklandpinguine nutzen dabei den nach Norden fließenden Falklandstrom als Förderband. Die Feuerländer hingegen ziehen im Winter durch die Drakestraße hinüber in den Pazifik, auf die Westseite des südamerikanischen Kontinents. Dort fischen sie entweder auf hoher See oder in den Fjorden und Inselwelten Südwestchiles, also in fast menschenleeren Gebieten – und das macht den ganzen Unterschied. Die Troublemaker sind wieder einmal wir Menschen.

Das Prinzip ist ganz einfach. Unten im Süden, wo kaum eine Menschenseele lebt, da geht es den Pinguinen gut. Je weiter man nach Norden und Osten kommt, desto mehr Menschen leben dort, desto größer sind die Städte und die Häfen, und desto höher ist auch die Wahrscheinlichkeit, dass die Pinguine mit alldem in Konflikt geraten, was Menschen mitbringen: mit Transportschiffen, mit Ausflugsverkehr und mit Einleitungen ins Meer. Mit allem, was stört.

An der Küste von Chubut im südlichen Argentinien, also an der Ostküste des Kontinents, fanden die Küstenbewohner über Jahrzehnte hinweg auf ihren Strandspaziergängen tote Pinguine im Sand. Mit veröltem Gefieder, halb oder schon ganz verhungert. Vierzigtausend verendete Vögel im Jahr – ganze Schulklassen wurden abkommandiert, um die toten Tiere einzusammeln. Nicht nur ich, auch andere Pinguinforscher, die im südamerikanischen Raum arbeiten, wollten daran etwas ändern. Dazu mussten wir Daten sammeln, um Beweise dafür liefern zu können, welche Probleme es gibt. Wir schlossen uns zum *Forum of the Patagonian Sea* zusammen und koordinierten unsere Forschungsbemühungen.

Mit Hilfe von Schröders Kollegen konnten wir anhand der Satellitendaten, die sie uns übermittelten, Folgendes nachweisen: Die vierzigtausend Pinguine jährlich stammten nicht etwa, wie vorher vermutet, nur von der Halbinsel Valdés im nördlichen Patagonien. In diesem berühmten Tierparadies liegen die größten Magellanpinguinkolonien der Region. Auch Pinguine aus Feuerland und von den Falklandinseln ziehen im Winter die Ostküste des Kontinents entlang nach Norden. Anders als Felsenpinguine schwimmen Magellanpinguine sehr nahe an der Küste entlang. Diese Vorliebe wird ihnen gleich in mehrfacher Hinsicht zum Verhängnis. Zum einen geraten sie so leicht in Stellnetze lokaler Fischer. In der Region Chubut kam noch ein weiteres Problem hinzu: Die Magellanpinguine waren nicht die Einzigen, die sich nahe der Küste bewegten. Ein Abgleich unserer Daten mit den gängigen Verkehrswegen von Frachtschiffen ergab ein klares Bild: Vögel und Schiffe folgten der gleichen Route und gerieten einander in die Quere. Wo immer das der Fall ist, kommt es zu massiven Problemen. Die Schiffe geben Öl ins Meer ab, versehentlich und manchmal auch absichtlich. Schleichende Ölverschmutzung nennt man das. Dazu braucht es kein spektakuläres Unglück. Wo Schiffe mit Motoren fahren, gelangt immer auch Öl ins Wasser. Besonders schlimm ist Schweröl, mit dem fast alle großen Schiffe fahren. Schweröl ist unraffiniert, eine teerartige Substanz voller Giftstoffe, die den Vögeln das Gefieder verklebt.

Doch es hatte auch Pinguine aus dem Süden getroffen. Denn sie reisen im Winter viele Tausend Kilometer weit, vom Beagle-Kanal an der Südspitze des Kontinents bis auf die Höhe des Río de la Plata und weiter nach Uruguay. Manche sind sogar bis hinauf nach Brasilien unterwegs und machen Urlaub unter Palmen. Viele Tausend oder gar Millionen Jahre lang war das eine gute Idee. Dann kamen der Mensch und das Industriezeitalter, und die Pinguinroute wurde zum Schifffahrts-Highway.

Ein Opfer, das es hier zu großer Berühmtheit gebracht hat, ist der kleine Magellanpinguin Dimdim. Er wurde nicht nur gerettet, sondern auch zum Medienstar, als er, komplett ölverklebt, auf der brasilianischen Ilha Grande von einem Fischer aufgenommen und gesund gepflegt wurde. Es war Liebe auf den ersten Blick. Seither schaut Dimdim jedes Jahr im Südwinter auf seiner Wanderung nach Norden bei seinem Lebensretter vorbei, und die beiden versetzen beim gemeinsamen Baden ganz Brasilien in Entzücken.

Wie schnell sich aus der Not gerettete Pinguine an den Menschen gewöhnen, habe ich selbst schon einige Male erlebt. Heute gibt es auf den Falklandinseln eine professionelle Auffangstation für ölverschmierte Pinguine. In den

Neunzigerjahren aber, als ich in der Hauptstadt Stanley als Berater für die lokale Naturschutzorganisation Falklands Conservation arbeitete, war das noch nicht so. Ich war dort zu jener Zeit der einzige Pinguinforscher. Als gleich mehrere Königspinguine auf den Falklands zu Ölopfern wurden, war es daher naheliegend, sich an mich zu wenden.

Die Tiere waren unabhängig voneinander an unterschiedlichen Stellen am Strand aufgetaucht. Einzelne Vögel waren in sichtlich schlechtem Zustand. Per FIGAS-Flieger wurden sie allesamt nach Stanley geflogen. Die Könige reisten standesgemäß und wurden wie jeder andere Passagier am Vorabend im Radio namentlich angekündigt. Bis heute werden auf den Falklands täglich um 18.15 Uhr die Passagierlisten der Flüge, die am folgenden Tag erwartet werden, vorgelesen. »Saunders departure: Mr Miller, Mrs Falkner and three king penguins, Stanley arrival all passengers.« Ausgemergelt und struppig kamen sie von Bord; das sonst so sorgfältig gepflegte Sakko in schlechtem Zustand, schwarze Klumpen im Hemd. Sie sahen jämmerlich aus.

Ölverschmierte Pinguine haben ein dickes Problem: Ihr Taucheranzug ist hin, sie kühlen im Wasser aus und können nicht mehr jagen. Deshalb schickt ihr Instinkt sie an Land. Sie sind bereits in Teufels Küche, und beim Versuch, sich selbst zu retten, machen sie alles noch schlimmer: Sie merken, dass etwas mit ihren Federn nicht stimmt, und fangen an, sich mit dem Schnabel zu putzen. Dabei gerät das giftige Schweröl auch noch in ihren Magen. Eine heikle Sache.

Was also tun? Das Öl entfernt man nicht etwa mit Seife, sondern erst einmal mit noch mehr Öl. Ich habe viel ausprobiert, Margarine funktioniert ganz gut. Wenn die dicksten Brocken und Verklebungen entfernt sind, kann man Seife benutzen. Die Tiere müssen anschließend vier bis sechs Wochen gepflegt und gefüttert werden. Ihre Anzüge sind ja nun nicht mehr wasserdicht, es braucht viele Ladungen Pflegefett aus der pinguineigenen Bürzeldrüse, bis sie wieder einsatzbereit sind.

Immer mal wieder sieht man im Fernsehen Bilder von geretteten Pinguinen im Wollpulli. Gestartet wurden solche Aktionen zunächst in Neuseeland, als ein Ölunfall die dort ansässigen Zwergpinguine traf. Die Resonanz war überwältigend, allein in Deutschland wurden innerhalb weniger Tage über zwanzigtausend Pullis gestrickt. Was so niedlich daherkommt, hat durchaus einen Sinn. So ein Pulli hilft den Vögeln über die ersten Stunden hinweg, wenn sie es an Land geschafft haben, aber noch zu schwach für die anstrengende Reinigungsprozedur sind. Warm eingemummelt können sie zunächst einmal Kräfte sammeln, bevor es dann ans Schrubben geht. Nach dem Reinigen des Gefieders wird dem Pinguin der Pullover aber nicht wieder angezogen, das wäre kontraproduktiv. Die Vögel müssen mit dem Schnabel ihr Gefieder striegeln und pflegen können.

Gegen die Vergiftungserscheinungen bekommen die Tiere Aktivkohle. In der Rekonvaleszenzzeit brauchen die Pinguine Zugang zu Wasser, das animiert sie zur Federpflege. Darüber hinaus muss man sie füttern, und zwar nicht zu knapp. Drei Kilo Fisch täglich futtert so ein Königspinguin weg. Nahrung zum Aufpäppeln bekamen wir als Spende von den ansässigen Fischereiunternehmen.

Mangels besserer Alternativen musste ich meine Pflegekinder im Hundezwinger hinter meinem kleinen Bungalow unterbringen. Heute gibt es in Gebieten, in denen viele Ölunfälle passieren, professionelle Organisationen, die sich um verölte Seevögel kümmern. SANCOBB in Südafrika zum Beispiel. Die Organisation verfügt über riesige Lagerhallen mit Schwimmbecken, in denen die Vögel während der Reha nach eigenem Gutdünken wieder ins Wasser können. Wenn mal wieder ein Tanker havariert ist und Tausende ölverschmierte Tiere zu retten sind, reisen Freiwillige aus aller Welt auf eigene Kosten an, um zu helfen. Das finde ich beeindruckend.

Meine Ölpatienten damals waren anfangs ziemlich aggressiv und ruppig und hatten überhaupt keine Lust, sich von mir retten zu lassen. Das änderte sich mit jedem Tag, den sie von mir Futter bekamen. Am dritten Tag erwarteten sie mich bereits freudig trötend, und nach einer Woche wichen sie mir nicht mehr von der Seite. Als wir unsere Rekonvaleszenten schließlich aussetzen wollten, blieben sie einfach am Strand stehen, warteten auf den nächsten Fisch und machten keinerlei Anstalten, ihre wiedergewonnene Freiheit zu nutzen. Sie bettelten sogar Spaziergänger an. Zu guter Letzt haben wir sie mit dem Boot aufs offene Meer gefahren: nach Hause.

Was hier so niedlich klingt und es sicherlich auch ist, sollte niemanden zum Nachahmen anregen. Pinguine mit nach Hause zu nehmen ist strafbar. Kein Witz – die Zoos in aller Welt können davon ein Lied singen, jedes Jahr werden Pinguine und andere Publikumslieblinge geklaut. Auf YouTube kursiert das Video von einer Königspinguindame in Japan, die von ihren dortigen Pflegeeltern mit einem Pinguinrucksack auf dem Rücken zum nächsten Fischladen geschickt wird. Dieses Video produziert Millionen von Klicks. Artgerecht ist eine solche Tierhaltung nicht. Pinguine sind keine Haustiere.

Eine Ölpest ist das Krasseste, was der Mensch dem Meer und seinen Bewohnern antun kann. Wenn ein Öltanker havariert, wie 1989 die Exxon Valdez in Alaska, dann sterben Millionen von Vögeln und Fischen, Meeressäugern, Krabben, Garnelen, Insekten und Kleinstlebewesen. Nach dem Brand der Ölbohrinsel Deepwater Horizon musste die Fischerei im Golf von Mexiko in weiten Teilen eingestellt werden. Es war einfach alles tot. Seit Mineralöl zum Treibstoff unserer Industriegesellschaft geworden ist, passieren solche Katastrophen immer wieder, und wenigstens kurz sorgen sie für mediale Aufmerksamkeit.

Die schon erwähnte schleichende Ölverschmutzung auf unseren Gewässern und Meeren hingegen gehört zur Tagesordnung. Schätzungsweise sechshunderttausend Tonnen Öl werden jährlich illegal ins Meer verklappt. Das ist weniger spektakulär, aber nicht weniger tödlich. Denn die Giftstoffe legen sich im Meer wie ein feiner Film direkt unter die Wasseroberfläche. Dort gelangen sie ins Plankton und reichern sich dann über das Nahrungsnetz immer weiter an: je weiter oben in der Hierarchie des Nahrungsnetzes, desto mehr Gift sammelt sich im Gewebe der Tiere an. Beliebte Speisefische wie Thunfisch und Lachs sind daher besonders belastet. Auch Öl, das weit entfernt von Pinguinkolonien und -routen ausläuft, verbreitet sein Gift in den Meeren. Aufgrund von Wind- und Strömungsverhältnissen erreichen alle möglichen Schadstoffe gerade in den Polarregionen hohe Konzentrationen. Untersuchungen haben ergeben, dass die Inuit im hohen Norden eine Schadstofflast mit sich herumtragen, die in keinem Verhältnis zu ihrer abgeschiedenen Lebensweise steht. Ölverschmutzung verstärkt diesen Effekt. Prost Mahlzeit, liebe Pinguine!

Das klingt alles ganz schön schlimm, und das ist es auch. Dennoch hat es meiner Meinung nach keinen Sinn, darüber völlig zu verzweifeln. Das führt nur dazu, dass man vor lauter Überforderung den Kopf in den Sand steckt und sich mit dem Gedanken einrichtet, dass man eh nichts ausrichten kann. Das stimmt aber nicht. Wenn jeder das tut, was er dort, wo er ist, tun kann, dann kommt eine Menge zusammen.

Magellanpinguin Schröder und seine Kollegen zum Beispiel haben heute gute Chancen, an der südamerikanischen Küste entlang nach Norden zu schwimmen und unversehrt zu bleiben. Die Bemühungen vom *Forum of the Patagonian Sea* waren nämlich erfolgreich. Die NGOs und wissenschaftlichen Einrichtungen haben im Schulterschluss erreicht, dass Maßnahmen zum Schutz der Meeresgebiete getroffen wurden. Seither müssen alle Öltanker, die entlang des Kontinents nach Norden wollen, die Wandergebiete der Pinguine auf kürzestem Weg durchfahren, und dann weiter draußen, in größerer Entfernung zur Küste, ihren Weg fortsetzen. Diese Vorschrift wurde auch durchgesetzt. Die schleichende Ölverschmutzung hat sich ebenfalls verringert. Es gibt mittlerweile bessere technische Möglichkeiten, sowohl um sie zu vermeiden als auch um sie zu entdecken. An der Küste von Chubut liegen heute jährlich nur noch etwa fünfzig tote Pinguine am Strand. In Nordargentinien,

Uruguay und Brasilien, wo diese Art von Korridor nicht eingerichtet wurde, sieht es leider nach wie vor anders aus.

Ich möchte mit diesem Beispiel zeigen: »Daten sammeln« klingt trocken, aber es kann richtig viel bringen. Auch bei hochkomplexen Gemengelagen kann man etwas tun – man muss die richtige kleine Schraube finden, an der man drehen kann. Dann kann schon eine kleine Veränderung den Tieren enorm helfen.

Absurd, sich vorzustellen, dass es mal eine Zeit gab, als Mineralöl die Lösung zu sein schien und nicht das Problem. Eine neue saubere, humane Technologie, eine Möglichkeit, das große Schlachten auf den Weltmeeren einzustellen. Denn was heute das Erdöl ist, war früher der Tran, gewonnen aus dem Fettgewebe von Meeressäugetieren wie Walen und Robben. Dieser Rohstoff wurde für schlichtweg alles verwendet: fürs Heizen, Schmieren und Brennen, für die Medikamenten-, Seifen- und Kerzenherstellung. Europäische und nordamerikanische Großstädte wurden nachts mit Tranlampen beleuchtet. Entsprechend groß war der Bedarf, und er wurde genauso gnaden- und hirnlos gedeckt, wie wir heute die Atmosphäre mit Kohlendioxid überladen.

Ende des 18. Jahrhunderts war in der Arktis nichts mehr zu holen, also ging man in den Meeren des Südens auf Wal- und Robbenfang. Schätzungen zufolge wurden allein in den Jahren 1904 bis 1965 in antarktischen Gewässern über zwei Millionen Wale abgeschlachtet, dazu kamen über Jahrzehnte jedes Jahr etwa fünfzigtausend Ohren- und Hundsrobben. Besonders begehrt waren Seebären und Südliche Seeelefanten. Die einen mussten wegen ihres Fells, die anderen wegen ihres Specks dran glauben, Seeelefanten-Blubber steht dem der Wale in nichts nach. »Blubber« nennt man die dicke Speckschicht von Robben und Walen – große Walarten in den Polargebieten tragen ihr Fett bis zu fünfzig Zentimeter dick. Ein Furchenwal bringt etwa zwölftausend Liter Tran, ein ausgewachsener Seeelefant etwa vierhundert Liter. Der hohe Brennwert dieser Tiere hatte zur Folge, dass wir sie so gut wie ausgerottet haben. Von den Hunderttausenden von Blauwalen, die einmal unsere Meere bevölkert haben, waren in den Sechzigerjahren gerade einmal noch fünfhundert Exemplare übrig.

Auch den Pinguinen blieb nichts erspart. Sie mussten in den baumlosen südlichen Breiten als Brennholzersatz herhalten. Als die Walbestände einbrachen, griff man immer häufiger auch zum Pinguin. Auf den Falklands wurden so schätzungsweise etwa eine Million Schwimmvögel verheizt, vor allem Felsen- und Eselspinguine.

Erst 1965 wurde die letzte Walfangstation in Südgeorgien geschlossen. Das Geschäft war nicht mehr wirtschaftlich, es gab so gut wie keine Wale mehr. Stumme Zeugen dieses jahrzehntelangen Gemetzels und der daran hängenden Industrie sind die riesigen Kessel und Wannen, die in der Subantarktis noch in vielen Buchten vor sich hin rosten.

Ausgefischt – Die große Schlacht am kalten Büfett

Endlich Urlaub. Endlich am Meer. Ob Spanien, Italien oder Griechenland, überall freuen wir uns auf die kleinen einheimischen Lokale, in denen man schön sitzt und lecker isst. Auf dem Menü: Fisch und Meeresfrüchte. Einmal Calamares, bitte.

Es ist sehr wahrscheinlich, dass der Tintenfisch, der auf diesem Teller landet, ein *Doryteutis gahi* ist, ein patagonischer Kalamar, auch als Loligo bekannt. Denn das Mittelmeer ist so gut wie leer gefischt. Seit Beginn der industriellen Fischerei betreibt die Menschheit am Meer und seinen Bewohnern einen Raubbau, der seinesgleichen sucht. Ein sehr gutes Buch zu diesem Thema, das ich jedem ans Herz lege, der die Lage verstehen will, ist *Fisch kaputt. Vom Leerfischen der Meere und den Konsequenzen für die ganze Welt*. Der britische Journalist Charles Clover, der sich auf Umweltthemen spezialisiert hat und dafür mehrfach ausgezeichnet wurde, beschreibt hier unter anderem sehr anschaulich, was Grundschleppnetze anrichten:

»Stellen Sie sich vor, was die Leute sagen würden, wenn

eine Gruppe von Jägern ein Netz von einem Kilometer Länge zwischen zwei riesige Geländewagen spannen und es mit hoher Geschwindigkeit über die Ebenen Afrikas ziehen würde. Diese groteske Konstruktion, die an einen *Mad Max*-Film erinnert, würde alles zusammenraffen, was ihr auf dem Weg begegnet: Raubtiere wie Löwen und Geparden, gewaltige Pflanzenfresser wie Nashörner und Elefanten, die vom Aussterben bedroht sind, Herden von Impalas und Gnus, Warzenschweinfamilien und Rudel wilder Hunde. Die trächtigen Weibchen würden aufgescheucht und mitgeschleift, und nur die kleinsten Jungtiere könnten durch die Maschen schlüpfen und entkommen. Stellen Sie sich vor, wie das Netz konstruiert ist: An der Vorderseite befindet sich eine gewaltige Metallwalze, die Hindernisse zertrümmert und dem Erdboden gleichmacht, während alle Lebewesen in die herannahenden Maschen getrieben werden. Alles, was aus dem Boden ragt, wird abgebrochen, jeder Baum, jeder Strauch und jede blühende Pflanze wird entwurzelt, und Heerscharen von Vögeln werden aufgescheucht. Zurück bleibt eine verwüstete Landschaft, bei deren Anblick man sich an Felder erinnert fühlt, die mit einer gigantischen Egge bearbeitet wurden. Nun fangen die industriellen Jäger und Sammler an, das verknäuelte Durcheinander sich windender oder schon toter Geschöpfe im Netz zu begutachten. Für ungefähr ein Drittel der gefangenen Tiere gibt es keinen Markt, weil sie nicht besonders gut schmecken, zu klein oder zu sehr zerquetscht sind. Dieser Haufen von Kadavern wird für die Aasgeier in der Savanne zurückgelassen.«[4]

Ein sehr gelungener Vergleich, wie ich finde. Aber nicht

nur die Grundschleppnetze sind ein großes Problem, sondern auch die Langleinen, die jede Nacht in den Meeren ausgelegt werden. Sie sind so lang, dass man sie zigfach um den Globus wickeln könnte. Diese Art der Fischerei wurde lange Zeit vor allem für Albatrosse zur Falle. Mittlerweile gibt es auch hier eine Erfolgsgeschichte in Sachen Umweltschutz zu erzählen: Leinen müssen jetzt nachts ausgelegt und mit Gewichten beschwert werden, sodass Vögel sich nicht festbeißen können. Das hat die Beifangrate um neunzig Prozent verringert.

Das wirklich große Problem ist heute die illegale Fischerei. Und die schiere Menge, die aus dem Meer geholt wird. Bis zu neunzig Prozent der weltweiten Fischbestände gelten derzeit als überfischt oder bis an die Grenze der Nachhaltigkeit ausgebeutet. Das ist nicht nur für die Umwelt ein Problem. Auch der volkswirtschaftliche Schaden ist immens. Die Weltbank hat bereits im Jahr 2009 einen Bericht veröffentlicht, der besagt, dass die wichtigsten Fischbestände sehr viel höhere Erträge brächten, wenn wir sie nicht so stark ausbeuten würden.

Es gibt zwar Fangquoten, aber die Beziehungen zwischen Fischereiwirtschaft und Politkern der Europäischen Union sind so gestrickt wie »die eines Arztes, der seinem Patienten beim Selbstmord hilft«, so der Meeresforscher Robert Callum.[5] Jenseits der Zweihundert-Seemeilen-Zone hört die Wirtschaftszone des Staates, dem die jeweilige Küste gehört, auf. Dahinter beginnt die sogenannte hohe See oder Hochsee. Völkerrechtlich gesehen gehört dieses riesige Gebiet niemandem und allen zugleich, die Vereinten Nationen definieren die Weltmeere als »Gemeinsames Erbe der

Menschheit«. Das ist an sich eine großartige Idee - leider macht diese Definition es aber derzeit unmöglich, diesen Bereich zu schützen. Internationale Gewässer sind sozusagen rechtsfreier Raum.

Ich bin der Letzte, der anderen den Appetit im Urlaub verderben will. Das Leben ist kurz, wir sollten es genießen. Aber um diese Zusammenhänge sollte man auch wissen. Die Zeiten, in denen das Meer vor Fischen nur so sprudelte und schäumte, sind lang vorbei. Wir jagen diese Tiere mit regelrechten Kriegsflotten bis in die hintersten Ecken des Planeten, bis zum Letzten seiner jeweiligen Art. Eine Welt ohne Fisch ist gar nicht mehr so weit entfernt. Kanada ist nur eines von vielen Beispielen weltweit. Hier ist die Kabeljauindustrie schon in den Neunzigerjahren eingebrochen und hat sich seitdem nie wieder erholt.

In den Hoheitsgewässern der Falklandinseln gibt es noch ordentlich etwas zu holen. Von dort stammt im Schnitt jeder zweite Tintenfisch auf den Urlaubstellern am Mittelmeer. Macht einen Kalmar weniger für einen Felsenpinguin, der sich und sein Küken ernähren will. Das klingt erst einmal nicht so schlimm - nur ist es eben nicht einer, sondern es sind fünfzig- bis hunderttausend Tonnen im Jahr. Essen wir den Pinguinen die Teller leer?

Bis zu einem gewissen Grad: ja. Und das nicht nur im Urlaub und nicht nur zum Abendessen. Die Pharmaindustrie hat vor einigen Jahren die Omega-3-Fettsäuren entdeckt, die gegen alle möglichen Zivilisationskrankheiten schützen sollen. Unglücklicherweise stecken hohe Konzentrationen davon im antarktischen Krill. Der wird jetzt in großen Mengen gefangen, und zwar - und das ist das eigentlich

Problematische daran – vorzugsweise in den Gewässern um die Antarktische Halbinsel, denn die sind am besten befahrbar. Dort leben leider auch die meisten Pinguine. Sie haben ebenfalls Hunger auf Krill und sind während der Brutzeit darauf angewiesen, vor der Haustür jagen zu können. Was uns vor dem Herzinfarkt schützen soll, den wir unter anderem von zu viel Chips und Bier vorm Fernseher bekommen, ist ihre Lebensgrundlage. Die Kommission zur Erhaltung der lebenden marinen Ressourcen der Antarktis (CCAMLR) legt zwar Fangquoten für die Antarktis fest, aber die gelten für sehr große Gebiete.

Die kommerzielle Jagd auf Krill betrifft nicht nur Pinguine, sondern auch die Wale und all die anderen Tiere, die sich direkt oder indirekt vom Krill ernähren. Die Königspinguine zum Beispiel schwimmen zur Antarktischen Konvergenz. Dort frisst jeder einzelne etwa siebenhundertfünfzig Kilogramm Leuchtsardinen pro Jahr, bei vier Millionen Pinguinen macht das drei Millionen Tonnen Leuchtsardinen. Diese wiederum ernähren sich von Krill. Von einer Stufe in der Nahrungskette zur nächsten rechnet man den Faktor zehn, das heißt: Allein die Königspinguine verputzen im Jahr das Äquivalent von dreißig Millionen Tonnen Krill. Das sind etwa fünf Prozent der gesamten geschätzten Krill-Biomasse weltweit.

Ob es da eine so gute Idee ist, im industriellen Maßstab Nahrungsergänzungsmittel aus Krill herzustellen? Oder den Welthunger mit der angeblich unerschöpflichen Proteinquelle Krill zu stillen? In den Siebzigerjahren hielt man das für einen Geniestreich, der aber dank des hohen Fluoridgehalts im Krill schnell ad acta gelegt wurde. Glück für

Balanceakt: Zügelpinguin klettert zurück zum Nest.

Zügelpinguin beim Füttern seiner beiden Küken. Langschwanz-pinguine legen in der Regel zwei Eier und versuchen beide Küken großzuziehen.

Adeliepinguin bewacht seine beiden Küken. Ob wohl der Partner bald mit Futter kommt?

Eselspinguin auf Eiern. Eines von zwei Küken ist gerade im Begriff zu schlüpfen.

Blick auf die Brutfalte: Königspinguine balancieren ihre Eier auf den Füßen.

Magellanpinguine bei der Paarung

Humboldtpinguine in Chile: Das Punktmuster auf dem Bauch ist so individuell wie ein Fingerabdruck. Forscher nutzen es zur computergestützten »Gesichtserkennung«.

Frisch geölter Taucheranzug: Eselspinguin in einem Schmelzwasser-Eissee auf der Petermann-Insel, Antarktische Halbinsel

Abendstimmung mit Adeliepinguinen. Devil Island, Weddell-Meer

Dieses Zügelpinguinküken braucht dringend Futter, es ist zu dünn.

Königspinguin-Youngster: Sein Satellitensender ist ihm scheißegal.

Fast flügge und sehr hungrig: Ein zehn Monate altes Königspinguinküken wird von einem heimgekehrten Elterntier gefüttert.

Goldschopfpinguin, auch Macaroni genannt, beim Brüten. Im Gegensatz zum Felsenpinguin sind seine Schopffedern orange.

Hunger! Dieses Eselspinguinküken ist erst wenige Tage alt.

Felsenpinguin mit totem Küken. Ein zweites wird weiter gehudert. Felsenpinguine legen zwei Eier, ziehen für gewöhnlich aber nur ein Küken groß.

High Speed: Eselspinguin im Delfinsprung

Adeliepinguine rasten auf Eisschollen.

Ekstatisches Aufrichten: Balzende Magellanpinguine im Chor, Falklandinseln

Die wohl beeindruckendste gemischte Schwarzbrauenalbatros-, Königskormoran- und Felsenpinguinkolonie weltweit. Klemens Pütz auf Beauchêne Island, Falklandinseln

Nördlicher Felsenpinguin: lange, buschige Schopffedern

Südlicher Felsenpinguin: Schopffedern kürzer und weniger dicht

Der Haubenpinguin sieht aus wie ein Goldschopf mit weißem Gesicht. Er lebt ausschließlich auf den Macquarie-Inseln (Pazifik, vor Australien).

In Sicherheit: Magellanpinguinpärchen schaut aus seiner Bruthöhle.

Kinderstube im Kelp: junger Südlicher Seeelefant auf Sea Lion Island, Falklandinseln

Mittagessen: eine Skua mit erbeutetem Eselspinguinei, im Schnabel der Embryo

Balzende Schwarzbrauenalbatrosse auf Saunders Island, Falklandinseln. Im Hintergrund eine kleine gemischte Kolonie mit Albatrossen, Felsenpinguinen und Kormoranen

Ungewöhnliche Freundschaft: jugendlicher Südlicher Seeelefantenbulle mit kleinem Seebären. Carcass Island, Falklandinseln

Königspinguine vor Gletscherpanorama: St. Andrews Bay, Südgeorgien

Individualist: farbmutierter Königspinguin

Untypische Nachbarschaft: Biber in der Königspinguinkolonie in der Magellanstraße, Chile

Adeliepinguine auf einem Eisberg beäugen den Fotografen. Seymour Island, Weddell-Meer

Plastik stört: Eselspinguine in Grave Cove, Falklandinseln

die Pinguine. Krill wird auch in großem Maßstab als Futtermittel für die Aquakultur eingesetzt, die wiederum ursprünglich mal eine nachhaltige Alternative zum Fang von wilden Tieren darstellen sollte. In Japan sind die Krebstierchen bereits als Delikatesse en vogue. Hoffen wir das Beste. Omega-3-Fettsäuren stecken übrigens auch in Leinsamen.

Wer fischt hier wen?

Schröder funkt nicht mehr. Gestern war er noch im Mündungsbereich des Río de la Plata unterwegs, heute ist sein Signal verstummt. Was ist los? Leider lassen sich solche Fragen vom Schreibtisch in Bremervörde aus meist nicht beantworten. Wenn ein Pinguin nicht mehr sendet, kann das viele Gründe haben. Im besten Fall hat er sich sein Gerät aus dem Gefieder gepickt, der Sender ist kaputt oder die Batterie leer. Ein Pechvogel wird auch schon mal zum Orca-Snack, dann verstummt das Signal ebenfalls. Orcas mögen keine Federn, sie fassen den Pinguin an der Kimme und schleudern ihn so lange herum, bis sie ihn auf links gedreht haben. Dann schnappen sie sich die Innereien, und den Rest erledigen dann die Sturmvögel, die schon auf dem Wasser sitzen und auf ihren Teil warten. Der Pinguinsender funkt also nicht aus dem Orcamagen weiter, sondern sinkt über kurz oder lang auf den Meeresboden - leider.

Im Fall von Schröder war die Sache allerdings schnell klar. Er hat sein Leben in einem Stellnetz ausgehaucht. Diese Art des Fischfangs ist sehr traditionell, sie wird von kleinen lokalen Fischern betrieben. Die Idee dahinter ist eigentlich nicht so schlecht: Das Netz wird auf einer bestimmten Tiefe angebracht und die Maschenweite so justiert, dass kleinere Fische durchgehen, größere sich aber mit ihren Kiemendeckeln verhaken. Doch leider werden solche Stellnetze auch für viele Meeresbewohner zur Falle – für Seevögel, Meeresschildkröten und Robben etwa, für all die Tiere, die regelmäßig an die Oberfläche müssen, um zu atmen. Magellanpinguine sind typische Opfer. Ihre Wanderrouten führen küstennah durch das flache Wasser, in dem auch die Stellnetze stehen.

Im Falle Schröder bin ich mir absolut sicher, denn einer meiner argentinischen Kollegen war zu dem Zeitpunkt, als Schröders Sender verstummte, zufällig exakt vor Ort. Er erzählte mir, dass ein lokaler Fischer ihm den Sender ganz stolz in die Hand gedrückt und behauptet habe, er hätte ihn gefunden. Na ja.

Bei Nacht leuchten die schwimmenden Fischfabriken am Patagonischen Schelf heller als die Megacity São Paulo. Die Gewässer vor der Südostküste Lateinamerikas gehören zu den nährstoff- und artenreichsten Gebieten der Erde. Da, wo das Satellitenbild die meisten Lichter zeigt, grenzen die Hoheitsgewässer von Argentinien und die der Falklands aneinander und an die hohe See. Hier wird gefischt, was das Zeug hält. Tausende von sogenannten Jiggern fangen den *Illex argentinus*, den argentinischen Tintenfisch, legal und illegal. Er ist größer als der *Dorytheutis*, etwa vierzig bis fünfzig Zentimeter lang. Vor allem in Südostasien wird er geliebt, von dort stammt auch die Mehrzahl der Jigger. Bei Einbruch der Dunkelheit fahren diese Schiffe ihre spinnenbeinartigen Angelbäume aus, über riesige Rollen, an deren Enden laufen die mit Haken besetzten Leinen. Der Trick ist das Licht: Es lockt die Tintenfische an die Oberfläche. Die Tiere schlagen ihre Tentakel in die Haken, die Leinen werden wieder eingezogen, und *Illex argentinus* wandert direkt in den Bauch des Schiffes zur weiteren Verarbeitung. In Taiwan und Korea geht er dann schon tiefkühlthekenfertig abgepackt von Bord.

Einige dieser schwimmenden Fischfabriken habe ich selbst von innen kennengelernt. Das war Mitte der Neunzigerjahre, als abzusehen war, dass sich meine Arbeitsgruppe am Kieler Institut auflösen würde. Ich hatte gerade angefangen, mich auf den Falklandinseln intensiv mit der Lebensweise und dem Verhalten von Königspinguinen zu beschäftigen, und suchte nach Möglichkeiten, diese Arbeit weiterzuführen. Ein Job als Fischereiinspektor kam mir da gerade recht, denn ohne Arbeitsvertrag hätte ich keine Aufenthaltsgenehmigung erhalten.

Die Inseln sind sehr rau und öde, es ist hier immer windig. Man erzählt sich dort gern, dass Charles Darwin, als er hier auf seiner berühmten Fahrt auf der Beagle kurz Station machte, zu dem Schluss gekommen sei: ein furchtbarer Ort, geeignet höchstens als Strafkolonie. Darwin muss im Winter da gewesen sein oder einen schlechten Tag gehabt haben – bei mir war es Liebe auf den ersten Blick. Wo er nur Grau erblickte, sehe ich tausend verschiedene Grüntöne. Die Inseln versetzen mich in Begeisterung: die Schatten der Kumuluswolken, die der Wind über den Himmel jagt, die Königspinguine an weißen Sandstränden, die jedem

Südseekatalog Konkurrenz machen würden, und wahnsinnig nette Leute. Es ist eine kleine Welt, in der jeder jeden kennt. Und das Beste: Auf den Falklands kann man tagsüber Pinguine erforschen und abends im Pub unter Leuten sein. Meine vorherigen Aufenthalte im Feld waren ja doch eher entbehrungsreich gewesen. Ich fand es toll, Pinguinforschung machen und gleichzeitig ein normales Leben führen zu können.

Als Fischereiinspektor kam mir die Expertise zugute, die ich durch die vielen Magenspülungen an Pinguinmägen erworben hatte. Ich fuhr wochenlang auf Trawlern, mit großen Schleppnetzfischern, mit und musste im Auftrag der falkländischen Fischereiwirtschaft Proben nehmen. Zweihundert Fische zog ich jeden Tag willkürlich aus dem Fang, die ich nach Art, Größe und Entwicklungsstadium zu bestimmen hatte.

Die Fischwirtschaft auf den Falklands gilt als eine der bestgemanagten der Welt. Es gibt dort keine Fangquoten wie in den EU-Gewässern, das Geschäft funktioniert stattdessen über Lizenzen. Ein Fischdampfer erwirbt eine Lizenz für einen bestimmten Zeitraum. Die kostet umgerechnet mehrere Hunderttausend Euro, und dann darf man fangen, was und so viel man will. Allein auf den Falklandinseln werden etwa dreihunderttausend Tonnen Fisch im Jahr angelandet, mal ist es mehr, mal weniger. Das ist nur das Gewicht der Filets, der ganze Rest ist vorher schon bei der Verarbeitung über Bord gegangen. Ob das wirklich nachhaltig ist?

Das Positive am Lizenzverfahren im Vergleich zu Fangquoten ist, dass es den Kapitänen keinen Anreiz gibt zu lügen. Sie geben die korrekten Fangzahlen an, und im darauffolgenden Jahr kann die Fischereiwirtschaft entsprechend weniger oder mehr Lizenzen verkaufen. Das Problem ist allerdings auch hier die schlechte bis gar nicht vorhandene Kooperation mit Argentinien. Fische halten sich nun mal nicht an die Grenzen von Wirtschaftszonen. Das ist eine heikle Frage, denn die Falkländer beziehen derzeit etwa die Hälfte ihrer Staatseinnahmen allein aus dem Verkauf der Lizenzen an die Fischereiflotten.

Die raffinierten und potenten Fangsysteme der Jigger arbeiten, was das Thema Beifang angeht, relativ sauber. Maximal gefährlich für Seevögel sind wie gesagt die Langleinen. Damit werden sie in die Tiefe gezogen, wo sie dann jämmerlich ersticken. Aber auch Trawler sind problematisch. Sie arbeiten mit Schleppnetzen und sammeln alles ein, was schwimmt, also auch Pinguine. Von den achtzehn Pinguinarten sind vierzehn Arten weltweit als Beifang registriert worden. Auch für viele fliegende Seevögel werden Schleppnetze zur Falle. Schleppnetze hängen an Stahltrossen. Wenn die Netze eingeholt werden, versuchen Seevögel, sich ein paar Fische zu stibitzen. Dabei werden sie von den Trossen mitgerissen und dann von den Rollen, über die diese Trossen laufen, zerquetscht. Oder sie verfangen sich in den Netzen, während sie an Bord gezogen werden.

Als Fischereiinspektor habe ich so einiges zu sehen bekommen, was mir zu denken gab. Die Fische, die ich bestimmen musste, waren zum Großteil Jungtiere. Das ist nicht verboten - wer alles fangen darf, fängt eben alles, und dann landet toter Jungfisch im Bauch der Fischfabrik, statt sich fortzupflanzen. Innereien, Köpfe, Schwänze, das ging alles direkt über Bord, und deshalb folgte dem Schiff eine Myriade an Seevögeln, wie ich sie bis dahin noch nie gesehen hatte. Da sterben die Albatrosse nicht, sondern hauen sich derart die Wampe voll, dass sie schon gegen Mittag komatös auf dem Wasser sitzen und sich für das ganze Futter um sich herum nicht mehr interessieren.

Dieses Beispiel zeigt auch, wie komplex die ganze Angelegenheit ist. Schleppnetzfischerei tötet Seevögel oder schadet ihnen, aber der über Bord geworfene Beifang ist für sie ein bequemes All-you-can-eat-Büfett. Was ist da jetzt gut und was schlecht?

Ähnlich verhält es sich mit der Illex-Fischerei. Zum einen brechen die Bestände durch die illegale Fischerei und die nicht vorhandene Kooperation mit Argentinien massiv ein. Zum anderen haben die Felsenpinguine dadurch auch Vorteile, denn Argentinische Tintenfische ernähren sich wie sie von kleinen Krebsen. Wird den Tintenfischen also durch die Jigger der Garaus gemacht, bleibt für die Pinguine mehr Krill. Alles gar nicht so einfach und vor allem nicht schwarz-weiß.

Ich bin überzeugt davon, dass die wenigsten Menschen wirklich böse Absichten haben. Oft wissen sie es einfach nicht besser. Auf dem Trawler, auf dem ich gearbeitet habe, sind immer wieder Albatrosse in die Seiltrossen geraten. Aus den dicken Stahlseilen ragten spitze Drähte, an denen die Vögel sich aufgespießt haben – nicht nur ein paar, sondern Dutzende. Als ich den Kapitän und die Mannschaft darauf angesprochen habe, waren sie sofort bereit, die gefährlichen Stellen mit Stoff abzudecken. So war das Problem im Handumdrehen gelöst.

Mit dieser Haltung versuche ich auch meine Beratungsarbeit in den verschiedenen Gremien und NGOs anzugehen, in denen ich tätig bin. Ich habe gute Erfahrungen damit gemacht, auf die Menschen zuzugehen und das, was schiefläuft, offen anzusprechen. Auf den Falklandinseln berate ich seit Jahren die Regierung im Hinblick auf das Wohlergehen der dort ansässigen Pinguine.

Was nur wenige Menschen wissen: Unter den Falklandinseln liegt Öl, und zwar jede Menge. Sechzig Milliarden Barrell werden vermutet, mehr als unter der gesamten Nordsee. Wenn dieses Öl gefördert werden würde, dann würden die Falklandinseln mit ihren dreitausend Einwohnern auf Platz sechs der Ölnationen aufsteigen und wären damit an gleicher Stelle wie die Vereinigten Arabischen Emirate.

Im Jahr 1998 gab es erste Probebohrungen, eine Art Ölrausch erfasste die Inseln. Kurz darauf fiel der Ölpreis, die USA und Kanada begannen, sich durch Fracking selbst mit Öl zu versorgen. Die Probebohrungen wurden abgebrochen. Im Jahr 2010 stieg der Ölpreis wieder, man bohrte weiter und fand schon bald Öl in kommerziell nutzbaren Mengen. Eigentlich sollten die ersten Ölquellen bereits im Jahr 2017 sprudeln, aber es kam erneut zu Verzögerungen. Die falkländische Wirtschaft steht in den Startlöchern, alle warten auf den Fassanstich.

Ich bin um diesen Aufschub nicht traurig, denn für die Umwelt ist das nur gut. Sosehr ich mir das Beste für meine Pinguine wünsche, ich werde nicht verhindern können, dass die Falkländer nach Öl bohren. Je länger es bis zum Startschuss noch dauert, desto mehr Zeit habe ich, meine

Bedenken einzubringen und nach Lösungen zu suchen, und desto mehr Umsicht können Regierung und Wirtschaft in die Vorbereitungen stecken.

Den Bewohnern der Falklandinseln sind Umweltverträglichkeit und Nachhaltigkeit ein wirkliches Anliegen. Sie wissen, dass ihr Wohlstand auf dem Reichtum der Natur beruht, und dass es diesen Reichtum zu pflegen gilt. Bis vor gar nicht so langer Zeit waren die Inselbewohner bitterarm, sie lebten von der Schafzucht und am äußersten Rand der bewohnten Welt vor sich hin. Einzig die geostrategische Lage der subantarktischen Inseln schien interessant. Für das britische Empire waren sie der letzte Posten vor der Antarktis.

Die Geschichte des Falklandkriegs ist kompliziert. Es gibt ganz einfach zwei Versionen davon, eine argentinische und eine falkländische. Mir persönlich ist die Variante der Falkländer näher, weil das die Menschen sind, die ich kenne. Die Falkländer wollen heute britisch sein, Geschichte hin oder her. Wie dem auch sei: Fakt ist, dass mit dem Falklandkrieg die Inseln aus einem jahrhundertelangen Dornröschenschlaf erwachten.

Nach Kriegsende brach der Wohlstand über die Insulaner herein. Nach dem gewonnenen Krieg bekamen sie von der britischen Regierung die Erlaubnis, ihre Zweihundert-Seemeilen-Zone zu vertreten und ökonomisch auszuschöpfen. Seitdem nutzen sie das Potenzial ihrer umliegenden Gewässer. Die Staatseinnahmen sind hoch, vierzig bis fünfzig Prozent davon gehen auf das Konto der Fischerei. Diese Quelle ist allerdings nicht unerschöpflich, das bekamen die Falkländer erstmals im Jahr 2002 zu spüren: Damals brachen die Illex-Bestände dramatisch ein. Bis heute schwanken sie extrem, im Jahr 2015 zum Beispiel wurden über dreihundertfünfzigtausend Tonnen Illex angelandet, im Jahr darauf es waren unter dreitausend Tonnen. Nachhaltigkeit sieht anders aus.

Der Falklandkrieg

Er dauerte nur zweiundsiebzig Tage, aber er veränderte auf den kleinen Inseln am Rande der Antarktis alles. Argentinien hatte bereits seit 1820 Anspruch auf die »Malvinas« erhoben. Diktator Leopoldo Galtieri brauchte einen außenpolitischen Erfolg, um innenpolitische Stabilität zu gewinnen. Am 2. April 1982 ließ er argentinische Truppen die Hauptstadt Stanley besetzen. Margaret Thatcher befand sich in einer ähnlichen Situation und beantwortete das Säbelrasseln mit der Entsendung von sechsunddreißig Kriegsschiffen. Am 14. Juni kapitulierten die argentinischen Streitkräfte. Innerhalb weniger Wochen hatten nach offiziellen Angaben 746 argentinische Soldaten, 255 Briten und drei Zivilisten ihr Leben gelassen. Besonders an den Luftkrieg hat man auf beiden Seiten traumatische Erinnerungen, bis heute liegen zwanzigtausend Landminen im Gebiet um die Hauptstadt Stanley, erst seit 2010 werden sie geräumt. Der Anspruch auf die Falklandinseln ist bis heute Bestandteil der argentinischen Verfassung, diplomatische und wirtschaftliche Beziehungen mit den Falklands sind je nach politischer Lage in Argentinien mehr oder weniger schwierig.

Die Strategie der falkländischen Regierung besteht heute darin, die Wirtschaft breiter aufzustellen. Dabei setzt man nicht nur auf Öl. Die Falkländer investieren viel, um sich als Forschungsstandort zu etablieren, und auch in den Ausbau des Tourismus. Vor allem Letzteres ist eine gute Nachricht für die Pinguine – denn sie und ihre vielen wuseligen subantarktischen Mitbewohner, die ganze großartige Tierwelt der Falklands, sind ein bedeutender Wirtschaftsfaktor, den es zu erhalten, zu pflegen und zu schützen gilt. Das ist den Inselbewohnern auch bewusst, und sie unternehmen einige Anstrengungen dazu.

Im Jahr 2012 wurde das *South Atlantic Environmental Research Institute* (SAERI) ins Leben gerufen, um Wissenschaft, Umweltschutz und Wirtschaftsplanung an einen Tisch zu bringen. Im Jahr 2015 lud das SAERI zu einer Konferenz an der Universität Cambridge ein, auf der die Frage »Wie können wir die geplante Ölförderung so regulieren, dass das Risiko für die Umwelt minimiert wird?« diskutiert wurde. Viele Wissenschaftler haben sich hier mit ihrem Wissen eingebracht und ihre Daten auf den Tisch gelegt. Ich habe meine Ergebnisse zu den Wanderrouten der Pinguine präsentiert, Ozeanografen haben ihr Wissen zu den Strömungsverhältnissen vorgestellt, Angehörige der Ölindustrie ihre bestehenden Planungen und so weiter. Anschließend wurde gemeinsam überlegt. Es war eine extrem konstruktive Zusammenarbeit. Von solchen Gremien wünsche ich mir mehr auf dieser Welt.

Berührungsängste in Bezug auf Wirtschaft oder Politik sind mir fremd. Den Prozess der Ölbohrungsplanungen auf den Falklands habe ich von Beginn an mitverfolgt und begleitet. In den Neunzigerjahren hat mir die Ölindustrie zum Beispiel vierzigtausend Pfund für Satellitensender zur Verfügung gestellt. Ich war einer der Pioniere in der Datentracker-Forschung, und die Ölfirmen mussten Umweltverträglichkeitsprüfungen vorweisen und brauchten dafür grundlegende Daten. Ich lasse mich gerne mit meiner Expertise in solche Prozesse einbeziehen, in Grundlagenforschung finde ich das Geld von Ölfirmen bestens investiert. Die Welt kann ich nicht retten, aber an solchen Stellen kann ich dafür sorgen, dass von den vielen Risikofaktoren, denen die Pinguine ausgesetzt sind, immerhin ein paar minimiert werden.

Auf ins Eis – Pinguintourismus

Alle lieben Pinguine. Und immer mehr Menschen machen sich auf, sie in ihrem natürlichen Lebensraum zu sehen. Fernreisen werden immer weniger strapaziös und immer bezahlbarer, und das macht sich bemerkbar. Allein auf den Falklandinseln hat sich die Zahl der Besucher seit Mitte der Neunzigerjahre verfünfzehnfacht. Im Jahr 1996 waren es noch viertausend Touristen auf insgesamt sechsundzwanzig Schiffen, die ihren Fuß an Land setzten – seit einigen Jahren sind es an die sechzigtausend Touristen jährlich. Die meisten Besucher steigen aus dem Bauch von Kreuzfahrtschiffen, die auf dem Weg in die Antarktis sind oder Südamerika umrunden. Sie kommen nur wenige Stunden an Land, für einen oder mehrere Landgänge. Denn fünf der insgesamt acht Pinguinarten, die man auf einer Fahrt in die Antarktis zu sehen bekommt, sind auch schon auf den Falklands zu besichtigen, jedenfalls dann, wenn man von Ushuaia aus aufbricht und die typische Kreuzfahrtroute nimmt: Magellanpinguine, Felsenpinguine, Goldschopf-, Esels- und Königspinguine.

Auch ich habe meinen Platz in diesem Business. Im Jahr 1994 habe ich das erste Mal als Lektor angeheuert. Lektoren halten Fachvorträge für die Gäste über Land und Leute, und in meinem Fall vor allem über die Tierwelt, die die Passagiere zu sehen bekommen. Seit dem Jahr 2000 arbeite ich auch als Expeditionsleiter. Ich plane den Reiseverlauf mit den einzelnen Anlandestellen und bin hauptverantwortlich zuständig für die Landgänge. Auch das wissenschaftliche Entertainment an Bord, also die Koordination der Lektoren und der Vorträge, ist mein Hoheitsgebiet. Eigentlich sitze ich in den zwei bis drei Wochen, die eine typische Kreuzfahrt in die Antarktis dauert, keine zwei Minuten still. Ein anstrengender Job, aber er macht mir großen Spaß. Inzwischen habe ich über siebzig Fahrten in in den tiefen Süden hinter mir.

Die Gäste fiebern natürlich der Antarktis entgegen – und sind dann oft überrascht, wie schön die Falklandinseln sind. Volunteer Beach, etwa drei holprige Landroverstunden von der Hauptstadt Stanley entfernt, ist einer von zwei Orten auf der Erde, an denen man Königspinguine auch über Land erreichen kann. Als ich in den Neunzigerjahren dort meine Forschung begonnen habe, standen die Tiere einfach auf dem Land eines Farmers in der Gegend herum.

Ich hatte in Volunteers die beste Zeit meines Lebens. Ich freundete mich mit dem Schäfer an, dessen Hütte ich als Forschungsstation nutzen durfte, und stellte mit ihm die unmöglichsten Dinge an. Auch für die Arbeit an den Pinguinen war diese Freundschaft sehr förderlich. Er gab mir wertvolle Tipps und lieh mir sein Pferd. So konnte ich ganz geschmeidig von oben Ausschau nach den Pinguinen mit meinen Geräten auf dem Rücken halten. Pinguincowboy für einen Sommer– das war eine feine Sache.

Heute ist von meinem Abenteuerland nicht mehr viel übrig. Auf dem Gelände gibt es Absperrungen und Parkplätze und ein kleines Souvenirgeschäft. Das Land ist Millionen wert. Wer Pinguine auf seinem Grund und Boden stehen hat, der kann gleich die Gelddruckmaschine anwerfen. Die ehemalige Schäferhütte, die ich als Forschungsstation nutzen durfte, ist einem Bungalow für Touristen gewichen, sehr beliebt bei Hochzeitspaaren. Auch wenn ich den Kommerz nicht mag: Volunteer Beach ist immer noch ein wunderbarer Ort. Eine großzügige Bucht mit feinem weißem Sandstrand, darüber ein weiter Himmel, oft mit dramatischen Wolkenformationen. Türkisblaue Brandung wirft Königspinguine auf den Sand. Royal flanieren sie den Strand entlang, die Dünen empor bis zur Kolonie. Da stehen sie im Grünen, zwischen Lämmchen und Magellangänsen.

Die Falklands lassen jedes Tierliebhaber- und Fotografenherz höherschlagen. Oft führe ich auch Dokumentarfilmer über die Inseln und zeige ihnen die besten Wildlife-Spots. Als Forscher kenne ich die Kolonien, Harems, Brutplätze und Kindergärten der Inseln mittlerweile wie meine Westentasche, ich weiß, zu welcher Tageszeit man welche Tiere wo am schönsten aus dem Wasser kommen sieht und wo die Sonne abends am besten steht.

Worauf ich immer achte, ist, dass die Tiere keinen Schaden nehmen. Es gibt ein dezidiertes Regelwerk, das vorgibt, was in der Antarktis und Subantarktis erlaubt ist in Sachen Tiertourismus. Die *International Association of Antarctica Tour Operators* (IAATO), ein Zusammenschluss der Antarktis-

Reiseveranstalter, hat sich selbst Regeln auferlegt, die in den Antarktisvertrag übernommen wurden, und an die sich alle Unternehmen, die Menschen in dieses Gebiet bringen, halten müssen.

Einige Regeln der IAATO zum Beobachten von Tieren in der Antarktis

Lauschen Sie der Stille – kein lautes Rufen, keine elektronischen Unterhaltungsgeräte!
Tiere haben immer Vorfahrt!
Versperren Sie niemals den Fluchtweg zwischen Einzeltier und Kolonie oder zum Wasser!
Halten Sie den Mindestabstand ein!
Halten Sie sich nur am Rand von Kolonien auf!
Umzingeln und berühren Sie die Tiere nicht!
Ziehen Sie sich zurück, wenn Tiere beim Näherkommen ihr Verhalten ändern!
Nehmen Sie nichts mit, und hinterlassen Sie nichts!
Bleiben Sie auf den Wegen!
Betreten Sie möglichst keine Vegetation!
Rauchen ist verboten.
Verwenden Sie in der Nähe von Tieren kein Blitzlicht!
Achten Sie auf Bodenbrüter!
Berühren oder füttern Sie unter keinen Umständen die Tiere!

Touristen, der pure Stress für Pinguine? Wenn die Besucher sich richtig verhalten, dann offenbar nicht. Das legen jedenfalls einige Forschungsergebnisse nahe. Drei Wissenschaftlerinnen von der Universität Cambridge haben auf Cuverville Island, am nördlichen Ende der Antarktischen

Halbinsel, dazu Versuche mit Eselspinguinen durchgeführt. Um den Herzschlag der Pinguine und damit ihren Stresslevel zu messen, wurden ihnen künstliche Eier untergeschoben. Das Ergebnis: Kein Unterschied, ob mit oder ohne Touristen. Die Tiere haben entweder gar nicht mitbekommen, dass da jemand war, oder sie haben die Besucher für große Pinguine gehalten. Oder die Zuschauer waren ihnen einfach egal. Wohlgemerkt, in diesem Versuchsaufbau haben sich die Touristen sehr wahrscheinlich an die Regeln gehalten. In anderen Studien konnte sehr wohl nachgewiesen werden, dass Touristen den Stresslevel der Tiere beeinflussen. In diesen Untersuchungen wurden die Tiere allerdings für die Messungen eingefangen und angefasst.

Generell scheint zu gelten: Pinguine, die vor Menschen wegrennen, haben schlechte Erfahrungen mit ihnen gemacht. Pinguine, die von Touristen besucht, aber nicht angefasst werden, gewöhnen sich schnell an Publikum und zeigen keine Scheu. Gucken ist okay, ein Mindestabstand sollte aber dabei unbedingt eingehalten werden. Sobald sich das Verhalten der Tiere ändert, ist man zu nah dran.

Tourismus in der Antarktis ist ein vergleichsweise junges Phänomen. In antarktische Gewässer vorzudringen war lange Zeit nur den Seefahrern, Walfängern und Entdeckern, später dann den Wissenschaftlern vorbehalten. Dann kam die Zeit der sportlichen Herausforderungen. Alle möglichen Sportler meinen, am Ende der Welt Rekorde brechen zu müssen. Antarktistourismus, der diesen Namen wirklich verdient, gibt es erst seit den späten Achtzigerjahren.

Solange der Tourismus in der Antarktis verantwortungsvoll durchgeführt wird, ist dagegen nichts einzuwenden. Wer die Regeln der IAATO bricht, kann im jeweiligen Land, aus dem er kommt, zur Rechenschaft gezogen werden. In Deutschland ist das Sache des Umweltbundesamtes, dort muss auch jede Reise in die Antarktis genehmigt werden.

Pro Landestelle darf beispielsweise jeweils nur ein Schiff anlegen. Es dürfen nie mehr als hundert Gäste an eine Landestelle, pro zwanzig Gäste muss jedes Schiff einen Guide zur Verfügung stellen. Inzwischen gibt es auch eine ganze Reihe spezifischer Anforderungen, die auf die jeweilige Landestelle zugeschnitten sind. Die Anzahl der erlaubten Schiffe oder Menschen pro Tag richtet sich nach der Empfindlichkeit des Ökosystems an der spezifischen Stelle; es gibt gesperrte und geschützte Zonen. Jeglicher Müll muss wieder mitgenommen werden.

Die Regeln der IAATO haben sich bewährt. Ich fahre jetzt seit fast dreißig Jahren in die Antarktis. Veränderungen sehe ich durchaus, aber die haben nichts mit touristischen Aktivitäten zu tun. Was sich aber sehr wohl getan hat: Der Tourismus hat für die Antarktis und ihre Bewohner eine Öffentlichkeit geschaffen. Etwa vierzigtausend Menschen fahren derzeit jährlich in den entlegensten Süden - und so gut wie alle sind tief beeindruckt. Der Kontakt mit unberührter Wildnis verändert die Menschen. Sie kommen zurück nach Hause und haben ein Bewusstsein dafür, was für ein Paradies wir da am anderen Ende der Welt haben. Einen Garten Eden, der keinem gehört, wird immer gesagt. Ich finde: Er gehört uns allen gemeinsam, die Antarktis ist Allgemeingut. Dass heute eine Organisation wie Greenpeace eine große Kampagne für ein Meeresschutzgebiet in der

Antarktis machen und so viele Unterstützer finden kann, hat auch damit zu tun, dass durch den Tourismus überhaupt erst eine Art Lobby für die Antarktis entstanden ist. Was man liebt, das will man schützen. Und Liebe hat mit Erleben zu tun.

Die Antarktis ist auch deutlich sauberer geworden. In meiner Anfangszeit bin ich noch an Müllkippen vorbeigekommen, heute sind alle Forschungsstationen tipptopp aufgeräumt. Was sich allerdings auch verändert hat: Es sind mehr Menschen zu sehen in der Antarktis, und zwar sehr viel mehr. Ein einsames Erlebnis ist eine Reise in den tiefen Süden heute nur noch in den seltensten Fällen.

Das Touristenspektakel spielt sich vor allem entlang der Antarktischen Halbinsel ab. Hier sind die sommerlichen Temperaturen besucherfreundlich: Zwischen minus fünf und plus fünf Grad. Hier liegen dicht an dicht die Brutgebiete der Pinguine. Es gibt nur wenige für Touristen geeignete Landestellen, die Saison ist kurz, und so herrscht von Ende November bis Anfang Februar regelrecht Rushhour.

Bis Ende der Neunzigerjahre gab es nur wenige antarktistaugliche Schiffe, mit denen sich auch im Eis sicher navigieren ließ. Eine Kreuzfahrt in die Antarktis war damals eine hochexklusive Sache, noch sehr viel teurer als eine Reise auf die Falklandinseln, es kamen nur etwa zehntausend Touristen im Jahr. Mit dem Zerfall der Sowjetunion änderte sich das. Auf einen Schlag waren haufenweise Forschungs- und Militäreisbrecher auf dem Markt, die umgehend von findigen Reiseveranstaltern gechartert wurden. Mittlerweile hat sich die Zahl der Touristen vervierfacht, und dieser Aufwärtstrend setzt sich fort. Eine Obergrenze gibt es derzeit nicht, aber ich denke, daran wird kein Weg vorbeigehen. Derzeit wird etwa ein Dutzend neuer Expeditionskreuzfahrtschiffe gebaut. Besonders die Chinesen sind stark im Kommen. Im Jahr 2017 waren sie nach den Amerikanern die zweitgrößte Besuchergruppe in der Antarktis. Ende des Jahres 2017 unternahm China den ersten kommerziellen Direktflug ins ewige Eis, weitere sollen folgen – das wäre eine große Hürde weniger für Reisende, die sich zu Recht vor tagelanger Seekrankheit fürchten.

Mittlerweile ist selbst am äußersten Ende der Welt das Funsportalter ausgebrochen. Marathons werden in der Antarktis ausgerichtet, Camping an Land für Kreuzfahrttouristen organisiert, Kajak- und Skikurse angeboten, Metallica fliegt hierher und gibt ein Konzert. Das geht für meinen Geschmack zu weit. Die Antarktis ist kein Abenteuerspielplatz, sondern die letzte Wildnis dieser Erde. Turbokapitalismus in der Antarktis? Bitte draußen bleiben!

Alles Plastik

»Eselspinguine brüten auf Plastikinsel im Pazifik« – mit dieser Nachricht trieb der WWF im Frühjahr 2018 Tierliebhabern und Umweltschützern die Tränen in die Augen. Die Hiobsbotschaft, vielfach in den Medien zitiert, entpuppte sich als Aprilscherz. Ein ziemlich gelungener, wie ich finde. Denn die Reaktionen auf die Fake News zeigten: Auch wenn wir es im Alltag verdrängen, im Grunde kennen wir den Ernst der Lage.

Meinen ersten hautnahen Kontakt mit dem Plastik in den Meeren hatte ich in den Neunzigerjahren auf den Crozetinseln, auf einem winzigen Eiland mitten im Ozean. Um mich herum unberührte, menschenleere Natur. Gleich bei einer meiner ersten Pinguinmagenspülungen spuckte mein Proband mir einen Kunststoffdeckel entgegen.

Ein Drittel aller Seevögel weltweit ist vom Aussterben bedroht. Das sagt BirdLife International, eine internationale Organisation zum Schutz von Vögeln und ihrer Lebensräume. An diesem Massensterben ist nicht zuletzt das Plastik in den Weltmeeren schuld. Die meisten Kunststoffe sind leicht und treiben an der Oberfläche. Tod durch Plastik trifft daher nicht so sehr die Pinguine, die in der Tiefe jagen, sondern eher die fliegenden Seevögel. Dort, wo sie sich zum Fressen niederlassen, ist alles voller Müll. Der Hunger treibt es offenbar rein, oder sie verwechseln es mit Futter. Fünfundneunzig Prozent aller toten Eissturmvögel, die gefunden wurden, hatten Plastik im Magen. Ob sie auch wirklich alle daran gestorben sind, lässt sich nicht einwandfrei nachweisen. Aber wenn ein Vogel den Bauch bis zum Anschlag voll mit Flaschendeckeln, Feuerzeugen und Interdentalbürstchen hat, braucht man keinen Doktor in Biologie, um auf die Idee zu kommen, dass nicht mehr viel Futter in seinen Magen passt. Nicht nur Vögel sind von diesem Phänomen betroffen. Im Frühjahr 2018 strandete in Portugal ein völlig verhungerter Pottwal. Auch er war randvoll mit Plastik – und leider kein Einzelfall.

Pinguine haben das Glück, an Land auf Fasten geeicht zu sein. Deshalb landet in der Landschaft herumliegender Müll nicht in ihren Mägen. Zum Verhängnis wird der Müll ihnen trotzdem. Sie verhaken sich in Abfällen. Am schlimmsten sind die Plastikringe von Bier-Sixpacks. Die legen sich jungen Tieren um den Hals, und wenn diese dann wachsen, werden sie in Zeitlupe erwürgt. Ich habe mir angewöhnt, jeden dieser Ringe aufzureißen, den ich irgendwo sehe. Dann kann sich, egal wohin dieser Müll noch verkauft, geweht oder getrieben wird, wenigstens kein Tier mehr darin verfangen.

Ich zeige auf meinen Vorträgen häufig einen Film über die Albatrosse auf Midway Island im Pazifik, der illustriert, wie dramatisch die Lage und wie qualvoll Tod durch Plastik für die Seevögel ist. Ich erspare Ihnen an dieser Stelle Einzelheiten. Ähnlich sieht es auf Henderson Island aus, einer neun mal fünf Kilometer kleinen Insel innerhalb des Pitcairn-Archipels im Südpazifik zwischen Chile und Neuseeland. Die Insel wurde wegen ihrer außergewöhnlichen Schönheit und Unberührtheit zum UNESCO-Weltnaturerbe erklärt. Auf Henderson Island wohnt kein Mensch – und doch hat das Eiland die größte Plastikdichte weltweit. Australische Forscher haben dort im Jahr 2015 schätzungsweise achtunddreißig Millionen Plastikteile gefunden, insgesamt achtzehn Tonnen. Pro Quadratmeter Strand waren das viertausendfünfhundert Plastikteile, die größer als zwei Millimeter waren. Das ist erstaunlich und bedrückend zugleich, immerhin ist diese kleine Insel eine der isoliertesten der Welt.

Plastik ist überall, und das schon lange. Erst seit ein paar Jahren wird darüber auch in den Medien berichtet. Im Jahr 1997 entdeckte ein kalifornischer Seemann auf einer Segeltour einen großen Müllstrudel. Mitten im Pazifik, so groß wie Mitteleuropa. Es sollte allerdings noch über zehn Jahre dauern, bis das Ausmaß des Problems wirklich ins öffentliche Bewusstsein drang. Heute wissen wir von fünf großen Wirbeln in den Weltmeeren, in denen sich der Müll des Planeten sammelt, aber es gibt noch viele mehr von weniger epischen Ausmaßen. Lutscherstiele, Zahnbürsten, Wegwerfbesteck, Kondome, Strohhalme, Plastiktüten, Golfbälle, Fischerleinen, Netze, Seile – all das und noch viel mehr wird durch die Strömung zu gigantischen Matten zusammengetrieben.

Nachschub ist ohne Unterlass unterwegs, denn die

Menschheit stellt alle zwei Sekunden schätzungsweise siebzehn Millionen Tonnen Plastik her. Man denkt gern zuerst an Länder wie China und Indonesien. Diese Länder produzieren tatsächlich unfassbare Mengen an Müll und entsorgen ihn sehr schlecht. Etwa ein Fünftel des Plastiks in den Meeren stammt vermutlich aus Südostasien. Allerdings sind wir Westeuropäer die Rekordhalter in Sachen Kunststoffverbrauch: Hundertsechsunddreißig Kilogramm pro Jahr, das ist das Dreifache des weltweiten Durchschnitts. Wir Deutschen stehen auf einem unrühmlichen Siegertreppchen, ein Viertel des europäischen Müllvolumens geht allein auf unsere Kappe. Hauptsächlich für Lebensmittelverpackungen, die direkt nach dem Aufreißen wieder im Müll landen.

Plastik, das nicht ordnungsgemäß entsorgt wird, gelangt meist früher oder später ins Meer. Erst liegt es im Graben, dann weht der Wind es davon, und irgendwann gerät es in einen Fluss, der ins Meer mündet und mit sich bringt, was er unterwegs aufgelesen hat. Das Problem ist die Haltbarkeit. Beim Umweltbundesamt geht man davon aus, dass eine Plastiktüte zwanzig Jahre braucht, bis sie weitgehend abgebaut ist. Bei Flaschen setzen Fachleute vierhundertfünfzig Jahre an. Wenn wir so weitermachen wie bisher, dann schwimmen im Jahr 2050 mehr Tonnen Plastik als Fisch in den Ozeanen dieser Welt. All diese Zahlen haben wir, aber sie bleiben abstrakt. Das ist wohl Teil des Problems – die riesenhaften Müllstrudel im Pazifik sind zwar beängstigend, aber sie sind Tausende von Kilometern weit weg. Erst wenn ein Fluss oder Strand vor der Haustür in Plastik erstickt, wird das Problem greifbar.

Es ist zu viel, und es wird immer mehr. Allein in den letzten zehn Jahren hat die Menschheit mehr Plastik produziert als in den fünfzig Jahren davor. Man muss sich klarmachen: Alles, was da draußen schwimmt, ist erst seit 1945 im Meer gelandet. Das Plastikzeitalter, von dem Archäologen einst sprechen werden, begann nach dem Zweiten Weltkrieg. Heute ist Plastik überall, ob wir wollen oder nicht. Es schützt unser Essen vor Verunreinigung, es macht Kleidung haltbar, es schrubbt Zahnbeläge ab und transportiert menschliches Blut. Ob wir wollen oder nicht: Kaum etwas, das wir täglich anfassen und benutzen, ist nicht aus Plastik.

Plastik zersetzt sich nicht einfach zu Stoffen, die wieder dem großen Kreislauf der Natur zugeführt werden. Sonne und Salz lassen es in immer kleinere Teile zerfallen, es wird zu Mikro- und Nanoplastik. An diesen Partikeln reichern sich Giftstoffe an, Dioxine und Schwermetalle wie Blei und Quecksilber. Dieser giftige Cocktail lagert sich unter der Wasseroberfläche ab, genau wie die Schadstoffe aus dem Öl, von denen bereits die Rede war. Die Toxine reichern sich dann das Nahrungsnetz hinauf immer weiter an und werden in Garnelen und Fischen auch schon auf unseren Tellern gefunden. Welche Auswirkungen das auf Dauer haben wird, davon haben wir noch keine Ahnung.

Die Frage, wie wir dieses Problem in den Griff bekommen können, wird uns noch lange begleiten. Erste Ideen gibt es bereits. Ein junger Niederländer namens Boyan Slat tüftelt seit Jahren an riesenhaften Meeresstaubsaugern, die das Plastik aus den Müllstrudeln einsaugen und der Wiederverwertung zuführen sollen. Erste Versuche laufen derzeit. Solche Initiativen kann man gar nicht genug unterstützen.

In Deutschland ist das Bewusstsein für sachgerechte Entsorgung von Plastik vergleichsweise hoch, seit bald vierzig Jahren gibt es hierzulande eine Umweltbewegung. Was die Abfallwirtschaft mit dem säuberlich getrennten Müll anstellt, steht leider auf einem anderen Blatt. In anderen Gebieten der Welt mangelt es noch an Problembewusstsein. Wer schon einmal in Südamerika oder Südostasien war, weiß, wovon ich spreche. Auch viele Container- und Fischereischiffe werfen ihren Abfall einfach über Bord, in eine extragroße Plastiktüte eingewickelt. Es wird verklappt, was nur geht. Um das zu vermeiden, sollte jedes Schiff beim Einlaufen in den Hafen eine seiner Seereise entsprechende Menge Müll vorweisen und sicherstellen müssen, dass er ordentlich entsorgt wird. Auch die sogenannten Geisternetze, verloren gegangene oder schlicht nicht entsorgte Fischernetze aus Plastik, sind ein echtes Problem. Sie treiben durch die Weltmeere und werden zu mobilen Todesfallen für Seevögel und Meeressäuger. Auf den Falklandinseln sehe ich immer wieder angeschwemmte Exemplare, meist mit Kadavern darin. Überall, auf See wie auch in Schwellenländern wie auch hier bei uns gilt: Die richtigen Regularien würden helfen.

Ausgerechnet ein Land wie Ruanda, nicht gerade für seinen Humanismus bekannt, macht vor, dass es auch anders geht. Dort hat die Regierung das Problem erkannt und durchgegriffen. Plastiktüten sind seit Jahren verboten. Sogar einreisende Touristen werden von einer Plastiktütenpolizei gefilzt. Wer illegal Müll verklappt, muss mit harten Strafen rechnen. Ich will keine Diktatur in den Himmel loben, aber dieses Beispiel illustriert: Wenn der politische

Wille da ist, dann geht plötzlich so manches, was vorher unmöglich schien. Auch eine bekannte norwegische Reederei hat nun alles Einwegplastik von ihren Schiffen verbannt.

Ob Klimawandel oder Plastikmüll, das zugrunde liegende Problem ist natürlich auch, dass wir das Bevölkerungswachstum nicht in den Griff bekommen. Wir sind einfach viel zu viele. Vor fünfhundert Jahren gab es schätzungsweise gerade einmal fünfhundert Millionen Menschen auf der Erde. 1987 waren wir fünf Milliarden, und im Jahr 2018 sind wir bei fast acht Milliarden. Je mehr Menschen wir sind, desto mehr fossile Brennstoffe verbrauchen wir, desto mehr heizen wir den Klimawandel an, desto mehr Plastik kippen wir ins Meer. All die Maßnahmen, auf die die Menschen sich auf großen, komplizierten Konferenzen zu einigen versuchen, sind Makulatur, schon im Moment des Unterzeichnens - wenn wir das Bevölkerungswachstum nicht in den Griff kriegen.

Ich habe da auch keine Lösung parat. Der einzige Weg, den ich sehe, ist Bildung und Wohlstand für mehr Menschen. Denn sobald Menschen Zugang zu Bildung haben, bekommen sie weniger Kinder, das zeigen die Statistiken. Die Schere zwischen Arm und Reich nicht zu weit aufgehen zu lassen, das ist nicht nur für den sozialen Frieden wichtig, sondern auch für die Umwelt.

Manche mögen's kalt – vom Klimawandel und seinen Folgen

Es ist nicht zu übersehen, dass die Antarktis sich verändert. Gerade an der Halbinsel, auf der sich der Großteil des Tourismus abspielt, ist es sehr deutlich: viel weniger Weiß und viel mehr Grün als früher. Die Gletscher gehen von Jahr zu Jahr zurück, jedes Jahr sind es mehrere Meter.

»Schmilzt die Antarktis?«, werde ich oft gefragt. Bilder von hungernden Pinguinen und abbrechenden Rieseneisbergen flimmern durch die Nachrichten, die das abstrakte Phänomen Klimawandel veranschaulichen sollen. Horrorszenarien machen die Runde. Wenn die Antarktis schmilzt, steigt dann der Meeresspiegel um fünfzig Meter? Ich halte es für unrealistisch, dass wir oder unsere Enkelkinder das erleben werden. Die Eismassen in der Antarktis sind gigantisch, so schnell werden sie nicht schmelzen. Fakt aber ist: Die Atmosphäre erwärmt sich, ein Klimawandel findet statt, und an den Polen macht er sich derzeit am rasantesten bemerkbar.

Ich bin kein Klimatologe. Aus Pinguinforscherperspektive sah es bis vor Kurzem so aus, als ob sich die Erwärmung der Antarktis auf die Halbinsel und die Westantarktis beschränkte. Im Sommer 2018 wurde publik, dass auch in der Ostantarktis die Eiskappe dünner wird. Das scheint auf den ersten Blick im Widerspruch dazu zu stehen, dass auf der Antarktischen Halbinsel derzeit mehr Niederschlag fällt. In der Regel haben wir ein stetiges Hochdruckgebiet über dem ewigen Eis des antarktischen Kontinents. Erwärmt sich die Luft, wie derzeit über der antarktischen Halbinsel, kann sie mehr Feuchtigkeit halten, infolgedessen fällt mehr Schnee. Das bekommen die Pinguine dort bereits zu spüren. Neuerdings sieht man Bilder von eingeschneiten Adelies. Die Tiere sitzen auf ihren Nestern und können nicht weg, und der Schnee steht ihnen im wahrsten Sinne des Wortes bis zum Hals.

Es scheint so, als würden die Eisflächen an der Unterseite des Schelfeises derzeit schneller abschmelzen. Welche Folgen das hat, ist noch nicht abzusehen. Außerdem nehmen wir wahr, dass in den letzten Jahren deutlich mehr große Schelfeisstücke abbrechen als früher. Im Jahr 2017 löste sich einer der größten bisher beobachteten Eisberge vom Larsen-C-Schelfeis im Weddell-Meer. A-68 hatte eine Fläche von rund fünftausendachthundert Quadratkilometern, das ist etwa doppelt so groß wie das Saarland, und ein Gewicht von etwa 1 Billion Tonnen. Beide Phänomene tragen dazu bei, ganze Schelfeise zu destabilisieren.

Ich mag den Begriff »Klimakatastrophe« nicht. Wir wissen nicht, ob es eine Katastrophe geben wird. Sicher ist nur, dass es natürliche Klimaschwankungen gibt – und dass diese derzeit von einer Erwärmung überlagert werden, die der Mensch durch den Ausstoß von Treibhausgasen verursacht hat. Je schneller die Erwärmung voranschreitet, desto schwieriger wird es für uns werden.

Als Menschen sind wir es gewohnt, in historischen Maßstäben zu denken. Wenn es um das Klima geht, dann sind aber geologische Maßstäbe die richtigen. Die Erde ist in permanenter Veränderung, in für uns kaum vorstellbarer Zeitlupe. Kontinente steigen auf, sinken ab und schieben sich übereinander, die Erde erwärmt sich und kühlt sich wieder ab. Vor 45 Millionen Jahren wuchsen auf Spitzbergen Palmen, und vor 25 Millionen Jahren sahen die Alpen aus wie heute die Everglades in Florida, Krokodile inklusive. Wohlgemerkt: Pinguine gab es damals schon.

Wir Menschen sind erst vor drei bis sechs Millionen Jahren auf diesem Planeten aufgetaucht. Vor etwa elftausend Jahren endete die letzte Eiszeit so, dass unsere heutige Zivilisation entstehen konnte. Vorher sah Skandinavien aus wie Grönland heute, von bis zu 3800 Meter dickem Eis bedeckt. Man kann sich in Grönland derzeit gut anschauen, wie es aussieht, wenn eine Eiszeit zu Ende geht. Auch dort spielt sich der Wandel in ähnlich rasantem Tempo ab wie auf der Antarktischen Halbinsel.

Es gibt große Zyklen und kleine. Zu Beginn der »kleinen Eiszeit« im 14. Jahrhundert gab es eine Abkühlung um etwa zwei Grad, aus dieser Zeit stammen auch die Gemälde der flämischen Maler mit den zugefrorenen Grachten. Zuvor hatte es eine Warmzeit gegeben. Bis etwa 1300 wurde in Dänemark Wein angebaut und an der Küste Grönlands Ackerbau betrieben. Momentan befinden wir uns erneut in einer wärmeren Epoche innerhalb der Warmzeit, die seit dem Ende der letzten Eiszeit vor elftausend Jahren herrscht.

Es liegt mir absolut fern, den Klimawandel zu verharmlosen. Ich möchte nur zu bedenken geben: Wir sind nicht die einzige Ursache dafür. Das Klima auf unserem Planeten ist auch ohne uns permanent im Wandel. Doch zum ersten Mal in der Geschichte des Planeten gestaltet ein Lebewesen durch willentliches Handeln das Antlitz der Erde mit. Wir sind der »Geofaktor Mensch«, das Anthropozän ist angebrochen. Klimaschwankungen über lange Zeiträume gibt es auch ohne uns, doch wir setzen eine Erwärmung in nie da gewesener Geschwindigkeit obendrauf. Der Kohlendioxidgehalt in der Atmosphäre ist innerhalb weniger Jahrzehnte so hoch angestiegen wie noch nie in den vergangenen fünfhunderttausend Jahren, das ist ohne Frage menschengemacht. Wir setzen Klimagase frei in einem Maße, die die Natur nicht kennt. Apokalyptische Szenarien gibt es schon genug, ich halte nichts von Angstmache. Aber die Augen verschließen geht auch nicht. Sollte der Meeresspiegel wirklich um sieben Meter steigen und die Hafenstädte weltweit bedrohen, und sollte die Weltbevölkerung gleichzeitig tatsächlich auf zehn Milliarden Menschen anwachsen, dann wird es sehr ungemütlich. Die Migrationsbewegungen, die ein sich veränderndes Klima auslöst, bekommen wir ja bereits heute in Ansätzen zu spüren.

Welche Auswirkungen hat der Klimawandel auf die Pinguine? Die langfristigen Folgen sind extrem schwer einzuschätzen. Wir wissen nach wie vor viel zu wenig. Vor unseren Augen gerät ein System in Bewegung, das wir gerade erst ansatzweise begreifen. Die aktuellen Folgen des Klimawandels hingegen lassen sich konkret beschreiben: Das Eis verändert sich, und das spüren die Pinguine am eigenen Leib.

Im Rossmeer lag zum Beispiel über Jahre hinweg ein riesiger Eisberg vor der Küste, der vielen Kaiser- und Adeliepinguinen den Zugang zu ihren gewohnten Brutgebieten oder auch den Weg zurück ins Meer versperrt hat. Die reale Vorlage für *Happy Feet* 2, nur dass leider keine Seeelefanten in der Nähe waren, um die Pinguine zu retten. Man hat viele verhungerte Vögel gefunden, die es nicht rechtzeitig zurück ins Wasser und zur Nahrung geschafft haben. Ein trauriger Anblick.

Andererseits stabilisieren große Eisberge, die vor der Küste auf Grund laufen, oft die Decke aus Meereis und schaffen so erst die Voraussetzung für die Ansiedlung einer Kaiserpinguin-Brutkolonie. Wenn so ein Eisberg nach Jahren oder Jahrzehnten abgeschmolzen ist und wegdriftet, müssen sich die Tiere nach neuen geschützten Stellen umschauen. In einer sich ständig wandelnden Welt aus Eis ist das einfach der Lauf der Dinge.

Ob die Menge der Tafeleisberge, die vor der Küste liegen, nun auf den rasanten Klimawandel zurückzuführen ist, ist schwer zu sagen. Abzustreiten ist es allerdings auch nicht; eine Rolle spielt der Klimawandel sicherlich. Das Meereis war schon immer ein dynamischer Lebensraum. Jetzt verändert es sich schneller als gewöhnlich, und das macht vor allem den größeren Arten mit langen Fortpflanzungszyklen - wie den Tieren in der Antarktis - zu schaffen, die sich nicht so schnell anpassen können.

Auf der Antarktischen Halbinsel verändert sich das Ökosystem am schnellsten. Hier sind die Temperaturen in den letzten fünfzig Jahren um fünf Grad gestiegen, und das Meereis geht deutlich zurück. Das wirkt sich unmittelbar auf die Bestände an Antarktischem Krill aus, die Leib- und Magenspeise aller in diesen Breiten brütenden Pinguine. Krill braucht zum Überwintern Eis. Wenig Meereis im Winter bedeutet wenig Krill im Sommer, und das ist fatal. Die Kolonien auf der Halbinsel haben in den letzten Jahren weniger oder gar keinen Bruterfolg und werden deutlich kleiner. Anderswo, weiter im Süden, werden aber unter Umständen auch neue Lebensräume geschaffen, weil es dort wärmer wird und zuvor zu kalt war. Insgesamt scheinen die Verbreitungsgebiete sich nach Süden zu verschieben.

Noch einmal: Nicht der Wandel an sich sollte uns Sorge bereiten, sehr wohl aber die Geschwindigkeit, mit der er sich abspielt. In diesem Jahrhundert könnte sich die Erde um mehrere Grad gegenüber dem vorindustriellen Niveau erwärmen, für die Polarregionen werden noch höhere Werte erwartet. Vor elftausendvierhundert Jahren gab es in Mitteleuropa einmal eine Erwärmung um sieben Grad innerhalb von fünfzig Jahren. Damals hat sich der Golfstrom verschoben. So schnell kann es gehen, innerhalb weniger Jahre kann die Welt eine andere sein, als wir sie kennen. Arten können sich auf sich ändernde Bedingungen einstellen und anpassen, aber bei schnellen Veränderungen sind sie überfordert, und das noch mehr, wenn sie bereits durch andere Faktoren unter Stress stehen.

Leider wird diese Diskussion viel zu wenig datenbasiert geführt; politische und wirtschaftliche Interessen stehen immer noch im Vordergrund. Den Klimaschutz in die EU-Verfassung aufzunehmen bleibt vorerst leider eine schöne Idee. Muss es erst noch schlimmer werden, bevor es besser werden kann?

Voll im Fluss – von Meeresströmungen in Veränderung

Der Afrikanische Brillenpinguin merkt es schon. Sein Platz an der Sonne ist in den letzten Jahren deutlich ungemütlicher geworden. Schätzungsweise drei Millionen Brutpaare lebten Anfang des 20. Jahrhunderts noch an der südafrikanischen Küste und im heutigen Namibia. Hundert Jahre später zählt man noch sechsundzwanzigtausend. Immer wieder treiben tote Jungtiere auf dem Wasser. Sie folgen, wenn sie das erste Mal in See stechen, ihrem eingebauten Kompass, schwimmen dorthin, wo sie den nächsten Imbiss vermuten - und finden keinen einzigen Fisch mehr vor.

Woran liegt das? Abschließend ist das noch nicht geklärt. Massive Überfischung könnte eine Antwort sein. Aber auch eine andere Theorie steht im Raum: Verändern sich die Strömungen vor der afrikanischen Küste? Gibt es überhaupt noch Fische? Und wenn ja, haben sie die Route geändert, sodass die Pinguine sie nicht mehr finden?

Es ist ein Phänomen, das Forscher weltweit beobachten: In einer wärmeren Welt verschieben sich Meeresströmungen. Ein Beispiel ist das sogenannte Globale Förderband, ein grundlegendes Wasserumwälzungssystem in unseren Meeren. Es reicht rund um den Erdball, von der Arktis in die Antarktis und zurück, von der Oberfläche bis hinunter in die Tiefsee und wieder nach oben. Eine gigantische Pumpe wälzt die Wassermassen des blauen Planeten um. Auch der Golfstrom, der uns in Mittel- und Nordeuropa relativ mildes Klima beschert, gehört zu diesem System. Er schafft beständig Wassermassen aus dem Golf von Mexiko an die westeuropäischen Küsten. Vor der letzten Eiszeit endete er bei Portugal, heute vor Spitzbergen.

Ein wichtiger Motor, der die Pumpe des Globalen Förderbandes antreibt, ist die sogenannte thermohaline Zirkulation. Damit ist die Bewegung gemeint, die durch unterschiedlichen Salzgehalt von Wassermassen entsteht. Meerwasser gefriert an den Polen zu Eis. In der Welt, wie wir sie kennen, geschieht das in großen Mengen. Dadurch trennen sich Süßwasser und Salz. Meerwasser, das sehr kalt und durch das aufgenommene Salz sehr salzig ist, hat eine höhere Dichte als das umliegende Wasser. Es sinkt ab, und dabei transportiert es Wasser mit viel Sauerstoff in die Tiefe und durchlüftet so den Meeresboden. Der Effekt ist, dass leichteres Oberflächenwasser nachströmt. Das gleiche Prinzip ist am Werk, wenn man auf eine Tasse mit Heißgetränk bläst, um es abzukühlen. Der Luftstrom schiebt die oberste Schicht durch die Tasse, bis sie an den Rand stößt. Dann fließt sie nach unten, überquert den Tassenboden und steigt an der Seite, von der aus ich blase, wieder auf. Zum Umrühren ohne Löffel ist diese Methode bestens geeignet, so gut funktioniert die Durchmischung. Diese zentrale Pumpe der Weltmeere arbeitet an beiden Polen, und sie braucht Eis, um zu funktionieren. Auch deshalb blicken Forscher mit Sorge auf die in die Höhe schießenden Temperaturen in der Arktis und Antarktis.

Was passiert, wenn Veränderungen sehr schnell über ein Ökosystem hereinbrechen? Ein Beispiel dafür führt uns alle paar Jahre El Niño vor Augen. Dieses Klimaphänomen ist sehr komplex in seinen Auswirkungen. Grob vereinfacht passiert Folgendes: Alle paar Jahre, meist um die

Weihnachtszeit - El Niño ist der spanische Name für das Christkind -, schlägt das Wetter im Pazifik abrupt um. Normalerweise liegt über der Küste von Nordchile und Peru ein stabiles Hochdrucksystem, das den kalten Humboldtstrom, der nährstoffreiches Wasser die Pazifikküste entlang nach Norden transportiert, auf Höhe des Äquators ins offene Meer nach Westen drückt. Dieser Effekt ist so stark, dass der Meeresspiegel an der Küste Südamerikas um sechzig Zentimeter tiefer liegt als an der gegenüberliegenden Küste Indonesiens. Grund dafür sind die von Ost nach West wehenden Passatwinde, die unser Weltklima prägen. Vor der Westküste Südamerikas entsteht dadurch ein Auftriebsgebiet. Nährstoffreiches Tiefenwasser strömt an die Oberfläche, um das weggedrückte Wasser zu ersetzen. Alle paar Jahre schwächen sich diese Winde plötzlich ab, und Warmwassermassen aus dem westlichen Pazifik schwappen an die südamerikanische Küste zurück. Der nährstoffreiche Auftrieb wird dadurch überlagert.

Die Folgen sind verheerend: Es kommt zu einem Massensterben der Seevögel und Meeresbewohner. Erst trifft es die Algen, dann die Fische, dann die Fischfresser. Die Fischerei bricht in El-Niño-Jahren komplett ein, an Land lässt das wärmere Wasser heftige Regenfälle und Erdrutsche entstehen, von denen wir dann in den Nachrichten hören. El Niño und seine Wirkungen auf das Weltklima umfassend zu beschreiben würde ganze Bibliotheksregale füllen, ich beschränke mich hier auf die Effekte, die Pinguine betreffen. Das Wetterphänomen ist ein gutes Beispiel dafür, wie durch eine schnell ablaufende Veränderung von Strömungsmustern ganze Ökosysteme binnen kürzester Zeit kollabieren. Der Galápagos- und der Humboldtpinguin bekommen die Folgen deutlich zu spüren. Nach einem El Niño sieht man nur noch halb so viele wie im Jahr zuvor, und die wenigen Überlebenden schauen auch nicht gut aus.

In der Vergangenheit trat El Niño in relativ regelmäßigen Abständen von zwei bis sieben Jahren auf. Seit der Klimawandel an Fahrt aufnimmt, zeigt sich das Phänomen deutlich häufiger und heftiger, manche Klimaforscher prognostizieren eine Verdopplung der Effekte. Das wäre vor allem für den Galápagospinguin katastrophal, denn er leidet unter den verheerenden Folgen von El Niño am meisten.

Der Ozean ist im Wandel. Das betrifft die Strömungsverhältnisse, aber auch andere Dinge, die für uns bislang selbstverständlich sind. Der erhöhte CO2-Gehalt in der Atmosphäre heizt das Wasser nicht nur auf, er macht es auch sauer. Das Meer nimmt Kohlendioxid auf, dabei bildet sich Kohlensäure, die den pH-Wert der Ozeane senkt.

Das ist schwer zu verkraften für alles Leben, das Schalen bildet. Schalen brauchen Kalk, und Kalk ist bekanntlich mit Säure gut wegzuputzen. Besonders betroffen sind Muscheln und Korallen, aber auch diverse Zooplanktonarten. Ein sich veränderndes Milieu ist hier keine Kleinigkeit. Das ganze Ökosystem der Unterwasserwelt könnte durch Übersäuerung massiv in Veränderung geraten.

Forscher von der Universität Tasmanien haben herausgefunden, dass auch Weichtiere und Stachelhäuter, zum Beispiel Seesterne, empfindlich auf saureres Wasser reagieren. Den Krill stört ein niedriger pH-Wert offenbar bei der Fortpflanzung. Daher betrifft eine Versauerung auch die Pinguine: weniger Krill, weniger Fressen für die Pinguine.

Aber auch hier gibt es Gewinner: Quallen zum Beispiel macht ein saurer Ozean nichts aus, sie gedeihen in diesem Milieu prächtig und machen sich breit, Fressfeinde haben sie ohnehin kaum. Den Gelbaugenpinguinen könnte das gefallen, bei ihnen stehen kleine Quallen auf dem Speiseplan. Darüber, welche Effekte die Versauerung des Meerwassers im Detail haben wird, wissen wir noch viel zu wenig. Die Oberfläche des Mondes ist besser kartografiert als der Meeresboden. Von den hochkomplexen Zusammenhängen, die das Leben im Meer und auch an Land bestimmen, verstehen wir derzeit gerade mal einen Bruchteil.

Botschafter der Meere – was Pinguine uns zu sagen haben

Als hätte eine Bombe eingeschlagen. Die Kolonie der Felsenpinguine auf Saunders Island ist nicht wiederzuerkennen. Wie leer gefegt. Wo im Vorjahr noch Hunderte von Pinguinen und Kormoranen wuselten, sehe ich weit und breit nur verlassene Nester. Die wenigen Tiere, die sich in der Kolonie aufhalten, sind in denkbar schlechter Verfassung: abgemagert, struppig, apathisch. Gäbe es Krisenberichterstattung aus der Pinguinkolonie, das hier wären die Bilder dafür.

Wenn Pinguine ihr Verhalten ändern, wenn sie tot am Strand liegen, wenn sie gewohnte Orte verlassen und in Scharen anderswo auftauchen, dann ist das immer ein Zeichen dafür, dass etwas anders ist als sonst. Ein Baustein im komplexen Ökosystem ihres Lebensraums hat sich geändert. Pinguinleben sind so eng getaktet, die ökologische Nische der Tiere ist so extrem, dass sie mit der Empfindlichkeit von Seismografen jede Veränderung registrieren und für uns sichtbar machen.

Von El Niño war bereits die Rede. Dieses Klimaphänomen richtet nicht nur verheerende Verwüstungen auf der Pazifikseite Südamerikas an, sondern beeinflusst mit etwas Verzögerung auch die Ökosysteme in der Subantarktis und sogar der Antarktis. Dort spricht man dann von ENSO (El Niño - Südliche Oszillation). Wie das alles zusammenhängt, versuchen Klima- und Meereswissenschaftler nach wie vor herauszufinden.

El Niño und seine Folgephänomene treffen Pinguine besonders hart in der Zeit vor der Mauser. Zum Federwechsel müssen die Vögel sich Kraftreserven anfressen. Die Falklandpinguine zum Beispiel ziehen zum Patagonischen Schelfhang, um sich vollzufuttern. Wenn diese Bedarfslage auf einen El Niño trifft, stehen sie sozusagen vor einem abgebrannten Supermarkt, und das nach einer langen und kräftezehrenden Brutsaison. Da ist nichts mehr, was sie jagen könnten. Sie ziehen hierhin und dorthin und finden nichts.

Der Impuls, an Land zu gehen und zu mausern, ist hormongesteuert - irgendwann treibt es die Pinguine einfach aus dem Meer. Dann stehen sie, wie zuletzt im Jahr 2016, eines Abends zu Hunderten an der Küste Feuerlands herum, sind bis auf die Knochen abgemagert und verhungern dann auch ziemlich bald. Ich habe schon mitbekommen, dass die Besitzer der betroffenen Landstriche flugs einen Zaun um die Tiere zogen und Touristen gegen Bezahlung zu den Pinguinen ließen. Ganz schön makaber. Andere Tiere leiden ebenfalls unter El Niño, aber den Pinguinen sieht man es besonders an.

Auch toxische Algenblüten treten oft in Zusammenhang mit El Niño auf. Im Jahr 2002 habe ich das sehr eindrücklich auf Saunders Island auf den Falklandinseln erlebt. Ich stand an einem Strand voller zuckender und krampfender Eselspinguine, andere schwammen tot im Meer. Einige wenige saßen noch auf ihren Eiern, belagert von Skuas und Falkland-Karakaras, das sind falkenähnliche Greifvögel. Es war ein verstörendes Bild. Wenig später machte ein FIGAS-Flugzeugpilot aus der Luft den Grund für das Sterben aus: einen roten Teppich in der Queen Charlotte Bay im Westen der Inseln. Algenblüten werden nicht umsonst auch »Rote Flut« genannt. Mikroskopisch kleines Phytoplankton beginnt unter bestimmten Bedingungen, sich übermäßig zu vermehren. Was an sich und in der richtigen Menge eine gute Sache ist, wird schnell zur Pest. In warmem, sonnigem und darüber hinaus noch überdüngtem Wasser – zum Beispiel in der Nähe von Flussmündungen, Klärwerken oder Landwirtschaft – gedeihen Algen wie nichts Gutes und verfärben das Wasser feuerrot, manchmal auch himmelblau oder quietschgrün. Leider sind das vorwiegend Arten, die Giftstoffe produzieren. Ähnlich wie Schwermetalle reichern sich die Toxine über die Nahrungskette hinweg an. Und da der Pinguin weit oben in der Kette steht, bekommt er die volle Dröhnung ab. Beim Menschen lösen Algenblütentoxine eine Lebensmittelvergiftung aus, die in einigen Fällen auch lebensbedrohlich sein kann, für Seevögel aber sind sie meist tödlich.

Im Hinblick auf die Krillbestände gilt das gleiche Prinzip. Die Pinguine zeigen uns, ob alles seine Ordnung hat. Geht es dem Pinguin gut, ist das Ökosystem gesund. Sobald sich an seinem Wohlbefinden etwas verändert, kann man davon ausgehen, dass weiter unten im Nahrungsnetz etwas aus dem Gleichgewicht geraten ist. Wenn sich zum Beispiel beim Phytoplankton oder beim Krill etwas verändert, dann hat das sehr schnell Auswirkungen auf das Überleben der Pinguine. Auch andere Arten, zum Beispiel Bartenwale, ernähren sich von Krill, sie sind jedoch unter Wasser für Forscher schwer zu sehen und zu verfolgen. Pinguine brüten praktischerweise an Land. Sie sind daher gut zu beobachten und eine ideale »Indikatorspezies«. Damit ist gemeint: Wir können davon ausgehen, dass von einer Veränderung, die sich an ihnen bemerkbar macht, auch das restliche Ökosystem betroffen ist.

Die beim Krill beginnende Kette von Ursache und Wirkung setzt sich ganz unmittelbar fort. Königspinguine zum Beispiel ernähren sich nicht direkt von Krill, sie fressen vorwiegend Tintenfische und Leuchtsardinen. Die aber leben ihrerseits von Krebstierchen – deshalb gibt uns das Wohlergehen der Königspinguine Auskunft über die Krillbestände.

Wir Menschen können im Idealfall auf Kartoffeln ausweichen, wenn die Nudeln alle sind, die wir am liebsten essen. Eselspinguine sind Generalisten und können es ähnlich halten. Änderungen im Menü sind für sie verkraftbar, sie fressen mehr oder weniger das, was ihnen entgegenkommt. Was genau das ist, kann sich sogar von Kolonie zu Kolonie unterscheiden.

Andere Arten sind da schon wählerischer. Ein Adeliepinguin zum Beispiel ist auf Krill geeicht. Einen Hering oder einen Kalmar schnappt er sich schon auch, wenn ihm gerade einer vor den Schnabel schwimmt, aber das sind dann meist extravagante Ergänzungen im Speiseplan. Um wirklich satt zu werden und genug Nahrung fürs Küken nach Hause zu bringen, ist er auf Krillschwärme angewiesen, die er gezielt aufsucht. Wenn er sie nicht findet, schlägt ihm das erst auf den Magen und dann auf die Gesundheit.

Auf lange Sicht ist es für Arten durchaus möglich, das Menü zu ändern. Man hat Sedimentproben in ehemaligen Adeliepinguinkolonien gefunden, die belegen, dass diese Tiere früher einmal Fisch gegessen haben. Aber das war vor Tausenden von Jahren, solche Veränderungen brauchen viel Zeit.

Das ist die eigentliche Krux mit dem schnellen Klimawandel: Arten, die leicht den Lebensraum wechseln und sich gut anpassen können, sind im Vorteil. Meist sind das kleine Tiere, die sich schon früh im Leben fortpflanzen und eine kurze Generationsfolge haben: Ratten und Kakerlaken sind die Paradebeispiele, aber auch »nettere« Tiere wie Kaninchen gehören dazu. Größere Lebewesen, die erst nach Jahren geschlechtsreif werden und viel Zeit in die Aufzucht ihres Nachwuchses investieren, haben viel weniger Chancen, sich anzupassen. Auch wir gehören zu diesen größeren Arten. Wir sind gut beraten, darauf zu hören, was die Pinguine uns zu sagen haben.

Gute Nachrichten – es geht auch anders

Hinschauen, nachdenken, Einsatz zeigen – das lohnt sich. Die Meere sind in einer dramatischen Situation. Aus Pinguinsicht ist aber auch schon vieles richtig gut gelaufen. Es wurden Probleme erkannt und Lösungen gefunden. Leider bekommen solche Ergebnisse viel weniger Öffentlichkeit als Katastrophenmeldungen.

Der Antarktisvertrag zum Beispiel. Er besteht schon so lang, dass es einfach Fakt zu sein scheint: dass die Bodenschätze der Antarktis nicht angetastet werden, dass dort keine Hotels gebaut und keine Pinguinkolonien mit Zaun und Kassenhäuschen versehen und touristisch ausgeschlachtet werden. Die Antarktis ist ein Gebiet, in dem die Natur weitgehend sich selbst überlassen bleibt, und das seit mittlerweile über sechzig Jahren. Eine echte Erfolgsgeschichte für die Menschheit. Mitten im Kalten Krieg saßen die USA und die Sowjetunion an einem Tisch und haben sich auf einen Vertrag geeinigt, der die friedliche Nutzung eines ganzen Kontinents festlegte.

Die Antarktis ist ein Kontinent ohne Krieg, ohne Genozid, ohne Turbokapitalismus. Ich wünsche mir sehr, dass das auch so bleibt und sich die Menschheit auch in Zukunft an die einmal getroffenen Vereinbarungen hält.

Antarktisvertrag

1957/58 fand das Internationale geophysikalische Jahr statt. Ziel war die Erforschung des gesamten Planeten. Im Anschluss an diese internationale wissenschaftliche Anstrengung trat 1959 der Antarktisvertrag in Kraft. Er sieht vor, den Kontinent einzig für friedliche Zwecke zu nutzen und ihn der Wissenschaft und Forschung zu widmen. Der Vertrag verbietet, in der Antarktis militärische Operationen durchzuführen oder Bodenschätze abzubauen. Die Vertragsstaaten entscheiden gemeinsam über alles, was die Antarktis betrifft, also auch über die Bedingungen, unter denen geforscht oder Tourismus betrieben werden darf. Es gibt heute über fünfzig Vertragsstaaten, jedes Land kann Mitglied werden. Stimmberechtigt sind jedoch nur die Länder, die ganzjährig eine Forschungsstation auf dem Kontinent betreiben. Sieben Vertragsstaaten erheben Gebietsansprüche auf die Antarktis. Diese Ansprüche ruhen, solange der Antarktisvertrag gilt. Das ist noch bis 2041 der Fall. Dann wird neu verhandelt.

Das Ozonloch ist noch so ein Beispiel. Als in den Achtzigerjahren Schlagzeilen machte, dass die Schicht der Atmosphäre, die uns vor schädlicher Strahlung aus dem Weltall schützt, ein Loch hat, gab es einen gewaltigen Aufschrei. Das Loch liegt über der Antarktis, Forscher entdeckten in der Folge Augenschäden bei Robben, Kaiserpinguinen und anderen Tieren, die auf ungefiltertes UV-Licht zurückgeführt wurden. Algen werden durch die Strahlung geschädigt, ein Problem, das den bekannten Mechanismus mit sich bringt: Ist der Primärproduzent geschädigt, wirkt sich das auf das gesamte Nahrungsnetz aus.

Als Bösewichte wurden FCKW-Gase identifiziert, Fluorkohlenwasserstoffe, die man vor allem für Kühl- und Treibmittel verwendete. Gefahr erkannt, Gefahr gebannt: 1987 unterzeichneten in Montreal siebenundsechzig Staaten einen Vertrag, der vorsah, künftig den Einsatz von FCKW zu verbieten. Das erfolgreichste überstaatliche Protokoll aller Zeiten, denn es hat funktioniert. Knapp dreißig Jahre später, im Jahr 2006, stellten Forscher vom MIT in den USA fest, dass das Ozonloch über der Antarktis dabei ist, sich zu schließen. Ein Stück von der Größe Indiens ist bereits »zugewachsen«. Wenn dieser Trend anhält, könnte das antarktische Ozonloch im Jahr 2070 wieder geschlossen sein.

Das Rote Kreuz der Afrikanischen Pinguine heißt SANCOBB. Die *Südafrikanische Gesellschaft zum Schutz von Seevögeln* wurde 1968 ins Leben gerufen, als Reaktion darauf, dass sich vor der Küste Südafrikas Unglücke mit Öltankern häuften. Eine einzelne Frau begann, in ihrem Garten verölte Pinguine zu retten und aufzupäppeln. Heute ist die SANCOBB eine professionelle NGO von beachtlichem Ausmaß, die pro Jahr circa zweitausendfünfhundert Seevögel von Öl befreit, etwa eintausendfünfhundert davon sind Afrikanische Pinguine. Freiwillige aus aller Welt sind eingeladen, an Trainings teilzunehmen, um dann, im Falle eines Ölunfalls, zum Helfen einzufliegen. Ich bin jedes Mal wieder davon beeindruckt, dass so viele Menschen dafür Urlaub nehmen und sich auf eigene Kosten auf den Weg machen.

Auch der Guano-Abbau, über Jahrhunderte hinweg der Schrecken der Brillenpinguine an den Westküsten Afrikas und Südamerikas, ist heute reguliert. Bis vor wenigen Jahren wurde er so rücksichtslos betrieben, dass die Bestände in diesen Regionen kolossal einbrachen. Guano ist ein hervorragender Dünger, der viel Stickstoff und Phosphor enthält und bis heute in keinem Gartencenter fehlen darf. Für Länder wie Peru, Chile und Namibia war Guano eine Möglichkeit, aus Scheiße Gold zu machen.

Die begehrte Substanz entsteht an regenarmen Küsten, wenn Vogelmist mit Kalkstein reagiert. Die Pinguininseln vor Namibia oder die Chincha-Insel vor Peru sind nur die berühmtesten Beispiele. Dort haben sich in den großen Kolonien die Exkremente von Pinguinen, Kormoranen, Tölpeln und anderen Seevögeln über Jahrhunderte hinweg angesammelt. Diese Schichten werden bis zu fünfzig Meter dick, die Sonne bäckt sie zu einem lehmartigen Material zusammen. Humboldtpinguine nutzen diese Guano-Mauern, um ihre Bruthöhlen hineinzugraben.

Im 19. Jahrhundert gab es einen regelrechten Guano-Boom. Man begann, den potenten Dünger in großen Mengen abzubauen. Auf die Pinguine wurde dabei wenig Rücksicht genommen. Ganze Inseln wurden freigekratzt und den Humboldtpinguinen ihre Höhlen unterm Hintern weggeschippt. Erst als der deutsche Chemiker Fritz Haber ein Verfahren entdeckte, mit dem sich Kunstdünger herstellen ließ, wurde der kommerzielle Abbau weitgehend unrentabel. Haber bekam für seine Synthese aus Wasserstoff und Stickstoff zu Ammoniak im Jahr 1918 den Nobelpreis für Chemie. Mit seiner Methode lässt sich aber nicht nur Dünger im industriellen Maßstab herstellen, sondern auch Sprengstoff. Seine Versuche mit Chlorgas machten ihn zu Beginn des Ersten Weltkriegs zum »Vater des Gaskriegs«. Auch hier sieht man wieder: Kein Licht ohne Schatten, und kleine Moleküle ziehen weite Kreise.

Den Pinguinen kam Habers Ammoniaksynthese sehr gelegen. Heute stammt das Guano vom Gartencenter aus »kontrolliertem Abbau« und wird mit dem Label »Bio« an umweltbewusste Gärtner verkauft. Trotzdem sollte man vor dem Kauf auch hier darauf achten, ob das Gütesiegel hält, was es verspricht.

Die Wale sind wieder da. Nach der massiven Jagd, die die Tranindustrie auf die Riesen der Meere ausgerufen hatte, waren sie so gut wie verschwunden. Gerade einmal fünfhundert Blauwale waren noch übrig, so die Vermutung. Damals war nicht abzusehen, ob die Art sich je wieder erholen würde. Aber sie hat es getan. Heute sind wieder um die zwanzigtausend dieser unglaublichen Tiere in den Weltmeeren unterwegs. Auch die Buckelwale sind zurück. Seit ein paar Jahren ist das ganz deutlich sichtbar, ich sehe sie jetzt jedes Mal, wenn ich in der Antarktis unterwegs bin, manchmal sogar mehrere Dutzend auf einmal. Sie zeigen ihre charakteristischen Schwanzflossen und spinnen ihr Blasennetz um die Zodiacs herum, ein deutliches Zeichen, dass sie am Jagen sind. Früher war es eine Sensation, wenn mal eines dieser Tiere weit entfernt am Horizont auftauchte.

Dass das Südpolarmeer wiederauflebt, ist das Ergebnis internationaler Schutzmaßnahmen. Seit dem Jahr 1965 ist der Walfang weltweit geächtet. Nur den Inuit in Grönland und Alaska wird er aus kulturellen Gründen weiterhin erlaubt. Isländer und Norweger berufen sich auf ihre Tradition und machen in ihren Küstengewässern einfach weiter. Die Japaner fahren zum Jagen eigens ins Südpolarmeer, ins Walschutzgebiet, unter dem Vorwand der wissenschaftlichen Forschung. Ein paar Ausreißer gibt es also immer noch, aber insgesamt hat sich die Situation für die Wale verändert. Die Populationen erholen sich eindeutig.

Auch den Pinguinbeständen in der Subantarktis hat das Ende des Walfangs gutgetan. Überwiegend sind die Bewohner der Subantarktis, von Patagonien über die Falklandinseln bis Tasmanien, heute sehr bemüht, die Vielfalt ihrer Tierwelt zu schützen und zu erhalten.

Südgeorgien rattenfrei! Diese Nachricht ging im Mai 2018 durch die Medien. Ein Freudentag auch für die Pinguine auf der Insel, denn die Perle der Subantarktis, zweitausend Kilometer östlich von Feuerland gelegen und etwa so groß wie Mallorca, beherbergt heute die größte Königspinguinpopulation weltweit. Auf grüner Wiese vor spektakulären Gletscherlandschaften sind sie ein beliebtes Fotomotiv bei Kreuzfahrern. Über zweihundertfünfzig Jahre lang war die Insel fest im Griff von Nagetieren. Vermutlich gingen Ratten und Mäuse mit Captain Cook, dem ersten Entdecker, von Bord, später dann im Gefolge von Wal- und Robbenfängern. Etwa hundert Millionen Seevögel leben derzeit auf der traumhaft schönen Insel. Diese hundert Millionen sind diejenigen, die das Glück hatten, nicht dem Hunger der Nager zum Opfer gefallen zu sein – denn die scharfbezahnten Räuber hausten hier über zwei Jahrhunderte lang im Schlaraffenland. Auf Südgeorgien gibt es keine Bäume und damit eigentlich nur Bodenbrüter, ideal für Raubnager. Auch Pinguineier und -küken sind für sie leichte Beute.

Die Ratten wurden mit Gift beseitigt, das von Helikoptern abgeworfen wurde. Spezielle Köder verhindern, dass das Gift auch in die Mägen anderer Tiere gerät. Die Substanz bewirkt, dass der Nager sich in seine Höhle zurückzieht und dort an inneren Blutungen stirbt, ohne dass er über die Nahrungskette das Gift weitergibt. Zehn Jahre, dreihunderttausend Tonnen Rattengift und zehn Millionen britische Pfund später ist die Herrschaft der Ratten offiziell beendet.

Es war eine Gemeinschaftsanstrengung ohnegleichen und die erste erfolgreiche Rattenbekämpfung dieser Größe in der Geschichte der Menschheit. Die schottische Universität Dundee, der britische Staat, aber vor allem viele Stiftungen und Privatleute haben sich zusammengetan. Strenge Quarantänemaßnahmen sollen seitdem verhindern, dass erneut Ratten – etwa durch Kreuzfahrtschiffe – auf die Insel gelangen. Schätzungen zufolge wird es in fünfundzwanzig Jahren hundert Millionen Seevögel mehr auf Südgeorgien geben. Hundert Millionen – eine Verdopplung der Population! Das nenne ich mal einen Einsatz, der sich lohnt. Ich freue mich, dass der *Antarctic Research Trust* sich an dieser historischen Aktion beteiligen konnte.

Patient Pinguin – wie geht's uns heute?

Mein Herz pocht bis zum Hals, das T-Shirt klebt auf der Haut. Wieder ist mir einer entwischt. Ich bin mit Taschenlampe unterwegs, im nördlichen Fjordland auf der Südinsel Neuseelands. Jackson Bay im Oktober, 21 Uhr. Die Dunkelheit ist gerade hereingebrochen – Gott sei Dank, jetzt gehen endlich auch die Sandfliegen ins Bett, die mir den ganzen Tag in Nase und Ohren geflogen sind. Ich sitze zu Füßen von Baumfarnen und Südbuchen, mitten im gemäßigten Regenwald, und lasse den Kegelschein meiner Taschenlampe über den Geröllstrand wandern. Wir sind auf der Suche nach Tawakis, so nennen die neuseeländischen Ureinwohner ihre Dickschnabelpinguine. Da, ein Tawaki bleibt wie angewurzelt stehen, seine roten Augen reflektieren das Taschenlampenlicht. Der Überraschungseffekt kommt mir zugute, er bleibt lange genug stehen, mit kurzen, schnellen Schritten kann ich ihn erreichen und festhalten, um ihm den Fahrtenschreiber abzunehmen. Nummer drei heute.

Sind Pinguine vom Aussterben bedroht? Das werde ich oft gefragt, und ich antworte dann immer mit einem klaren

»Jein«. Weil es darauf keine eindeutige Antwort gibt. Die Arten sind derart verschieden in ihren Verhaltensmustern und Ansprüchen, sie bewohnen so unterschiedliche Klimazonen, und sie kommen höchst unterschiedlich stark mit der Zivilisation in Kontakt – mit anderen Worten: Die Lage ist komplex. Sicher ist, dass einige Pinguine akut vom Aussterben bedroht sind. Anderen Arten hingegen geht es gut: Die Bestände der Königspinguine zum Beispiel haben bis vor wenigen Jahren stark zugenommen.

Zu Bestandszahlen möchte ich einwenden, dass sie mit Vorsicht zu genießen sind, und das immer. Je nachdem, welche Quelle man konsultiert, gehen die Zahlen oft weit auseinander. Das liegt zum einen daran, dass es gar nicht so einfach ist, Pinguine zu zählen. Sie stehen meist willkürlich verteilt in der Gegend herum und scheren sich nicht ums Dezimalsystem. Deshalb zählt man immer in der Brutsaison. Bei nestbrütenden Arten ist es relativ einfach, hier sind die Kolonien aufgrund der Schnabelabstände um die Nester herum sehr regelmäßig angelegt. Die bewegen sich auch nicht und lassen sich gut zählen. Kaiserpinguine sind schwieriger zu zählen, die stehen ohne trautes Heim einfach nur unordentlich im Eis herum.

Zum anderen gibt es keine weltweit verbindliche Methode, wie man Pinguine zählt. Forscher im Feld sind eigensinnig, jeder hat unterschiedliche Vorlieben. Man kann zum Beispiel, wie ich, einen sogenannten Handzähler benutzen. Das ist ein kleines Gerät mit einer vierstelligen Anzeige und einem Knopf zum Klicken. Jeder Klick zählt einen weiter. Das hat den Vorteil, dass man nicht im Kopf zählen, sondern einfach nur jedes Tier mit den Augen erfassen und gleichzeitig mit dem Daumen klicken muss. Ich mag diese Methode, weil sie so nah am Pinguin ist. Die meisten sind sehr neugierig. Wenn ich dastehe und zähle, ist es oft nur eine Frage der Zeit, bis einer kommt, um zu gucken, wer ich bin. Ganz mutige zupfen auch mal an meiner Hose oder picken am Stiefel - und schwupp, ohne Zähler wüsste ich nicht mehr, wie viele ich gerade hatte.

Andere Forscher machen Fotoaufnahmen und zählen später in Ruhe die Tiere auf dem Bild. Auch das hat seine Vorteile, denn die Tiere sind oft in Bewegung. Neuerdings kommen bei den Pinguinzählungen auch Drohnen und Satelliten zum Einsatz.

Trotzdem bleiben sie unterschiedlich schwer zu erfassen. Es gibt Pinguine, die die Öffentlichkeit lieben, und andere, die sich gern bedeckt halten. Die einen lassen sich prima zählen, zum Beispiel, weil man weiß, wo sie brüten, weil man sie dort gut beobachten und Jahr für Jahr die Zahlen überprüfen kann. Andere brüten in Höhlen wie die Magellan- und Humboldtpinguine oder im dichten Unterholz wie der Dickschnabelpinguin auf Neuseeland. Da muss man jedes Individuum erst einmal mühsam aufstöbern, bevor man überhaupt zählen kann. Wieder andere sitzen recht unübersichtlich in bunt gemischten Kolonien. Oder sie ziehen ihren Nachwuchs auf entlegenen Inseln groß.

Ich habe mehrfach versucht, auf der Isla Noir im Südwesten von Chile anzulanden, weil ich die dort ansässigen Felsenpinguine untersuchen und zählen wollte. Es war nicht möglich. Die See dort ist einfach zu stürmisch, die Felsen sind zu steil, man riskiert sein Leben, wenn man nicht ausnahmsweise einmal perfekte Wetterbedingungen hat.

Bis heute werden ab und zu ganz neue Brutkolonien entdeckt. Satellitenaufnahmen machen es möglich, oft hilft ein glücklicher Zufall nach. Dann gibt es noch Kolonien, die mehrere Millionen Tiere groß sind, Willis Island vor Südgeorgien zum Beispiel. Solche Massen an Vögeln, noch dazu an unzugänglichen Orten, exakt zu zählen, ist ein Ding der Unmöglichkeit.

Pinguinforscher müssen sich also mit Richtwerten begnügen. Wir versuchen, Tendenzen einzuschätzen, und orientieren uns dabei weniger an absoluten Zahlen als an Verläufen. Leider haben wir nicht wirklich eine Vorstellung davon, wie die ursprünglichen Populationen einmal ausgesehen haben. Wie viele Pinguine, Wale und Robben vor dem großen Schlachten im vergangenen Jahrhundert in den Meeren des Südens tatsächlich unterwegs waren, das werden wir nie erfahren.

Eine Population wird als stabil bezeichnet, wenn jeweils ein Pinguinpaar es schafft, im Laufe seines Lebens zwei Nachkommen in die Welt zu setzen, die ihrerseits erfolgreich zwei Pinguine ausbrüten, denen es gelingt sich fortzupflanzen, und so weiter. Sind es weniger, schrumpft die Population; sind es mehr, steigt sie an. In dieser Hinsicht ist Nahrungsverfügbarkeit Trumpf. Futter muss gut erreichbar und in ausreichender Menge vorhanden sein. Katastrophen wie El Niño oder Öltankerunfälle müssen kompensiert werden können.

Und noch eine grundlegende Information in Sachen Pinguinmathematik, weil an dieser Stelle oft Verwirrung herrscht: Pinguinforscher zählen die Vögel immer im Doppelpack, als Brutpaare. Die Anzahl der Brutpaare darf man aber nicht verwechseln mit der Population, also der Anzahl der tatsächlich zu einem Zeitpunkt lebenden Individuen. Über die Brutpaare hinaus gibt es noch jede Menge Pinguine, die nicht mitgezählt werden, quasi eine Dunkelziffer.

Der Grund dafür ist ganz einfach: Nicht alle Tiere brüten. Das betrifft nicht nur Küken und herumstreifende Singles. Zu jedem Zählzeitpunkt gibt es eine Menge noch nicht geschlechtsreifer Jungtiere, die sich im Meer herumtreiben. Pinguine brüten im Alter von durchschnittlich fünf Jahren zum ersten Mal, es gibt also im Schnitt vier Kohorten, die nicht mitgezählt werden. Und dann gibt es noch die, die eine Auszeit nehmen. Ja, auch das gibt es. Von den Felsenpinguinen ist zum Beispiel bekannt, dass Brutpaare nicht jedes Jahr in Folge wiederkommen, die Nester werden währenddessen von anderen Paaren genutzt. Wie es sich bei anderen Arten verhält, ist noch nicht erforscht. Man kann aber davon ausgehen, dass alle Pinguine Fortpflanzungspausen einlegen. Nach einem schlechten Winter, bei Krankheit oder knapper Futterlage kommen die Tiere gar nicht erst in Brutstimmung. Auch all diese Tiere werden nicht mitberücksichtigt, da wir nur die brütenden Pärchen zählen. Eine Population, bei der eine Million Brutpaare gezählt werden, kann daher aus zwei Millionen Brütern und zusätzlich zwei bis drei Millionen Nichtbrütern bestehen, also aus insgesamt fünf Millionen Tieren.

Zurück zur Lage der Pinguine:

Den antarktischen Pinguinen geht es besser, als die meisten Menschen denken. Mit den Zahlen geht es zwar rauf und runter, aber das liegt vor allem daran, dass sie, wie wir gesehen haben, so schwer zu zählen sind. Ihr großer Standortvorteil ist die Entfernung zum Menschen.

Kaiserpinguine brüten im schlimmsten Winter, den man sich vorstellen kann. Deshalb ist nur selten jemand vor Ort, der sie dabei zählt. Aber ihre Kacke verrät sie. Sie ist sogar vom All aus sichtbar: Pinke, orangefarbene und grüne Flecken im Schnee. Mittels hochauflösender Satellitenaufnahmen lässt sich dann der zugehörige Pinguin erkennen, man kann so weit in die Aufnahmen reinzoomen, dass man tatsächlich einzelne Tiere zählen kann. Derzeitiger Zählstand: rund zweihundertvierzigtausend Brutpaare. Einige bekannte und markante Kolonien sind nicht mehr zu sehen, andere hat man dafür neu entdeckt.

Auch Adeliepinguine werden neuerdings vom Weltraum aus gezählt. Bei ihnen gibt es viel Verwirrung um die Zahlen. Kaum titelt die Presse, dass es einer Kolonie nicht gut geht, heißt es schon: Die Pinguine in der Antarktis sterben aus. Während der Trauermarsch noch in vollem Gange ist, wird dann eine neue Kolonie entdeckt, wie im Jahr 2018 auf den Danger Islands. Auch hier ist einer den Guano-Flecken hinterhergereist, und schon sind es eine halbe Million Brutpaare mehr. Momentan geht man von etwa fünf Millionen Brutpaaren aus.

Für noch mehr Verwirrung sorgt die Tatsache, dass in den Medien gerne mal Kolonie mit Population gleichgesetzt wird. Der Bestand umfasst alle Brutpaare einer Population, er setzt sich aus der Gesamtheit aller bekannten Kolonien zusammen. Vermutlich gibt es mehr Adelies als die, von denen wir wissen. Korrekt ist, dass dort, wo sich der Tourismus abspielt, nämlich auf der Westseite der Antarktischen Halbinsel, die Bestände abnehmen. Das liegt nicht am Tourismus, sondern daran, dass sich die Halbinsel so schnell erwärmt. Wo bis vor wenigen Jahren ausnahmslos Schnee gefallen ist, regnet es heute durchaus auch mal – und Feuchtigkeit ist ein echter Killer für Pinguineier. Ein paar Kilometer weiter, auf der Ostseite der Halbinsel geht es den Adelies aber gut. Auch im Rossmeer und weiter südlich in der Antarktis werden die Kolonien größer. Insgesamt dürften sich diese Entwicklungen die Waage halten.

Die Zügel- oder auch Kehlstreifenpinguine teilen sich ihre Brutgebiete zum Teil mit den Adeliepinguinen. Anders als diese werden sie aber deutlich weniger, da sie nicht so weit südlich brüten können wie die Adelies, sondern an der Halbinsel ihre südliche Verbreitungsgrenze schon erreicht haben. Der überwiegende Teil der Zügelpinguine brütet auf den sehr abgelegenen Südlichen Sandwichinseln. Bedroht sind sie nicht, es gibt noch etwa vier Millionen Brutpaare

Den Eselspinguinen geht es gut. Die Bestände schwanken zwar stark von Jahr zu Jahr, aber bis jetzt scheinen sich die Ab- und Zunahmen die Waage zu halten. Sie sind die am weitesten verbreitete Art, rund um die Antarktis und Subantarktis brüten sie in relativ kleinen Kolonien. Esel sind weniger standorttreu als andere Pinguine. Alle paar Jahre zieht die gesamte Kolonie um, deshalb sind auch sie schwer zu zählen. Die letzte Schätzung ergab einen Bestand von knapp vierhunderttausend Brutpaaren.

Derzeit ist zu beobachten, dass sie in Richtung Süden wandern. Früher habe ich auf meinen jährlichen Reisen in die Antarktis die südlichste Kolonie immer auf der Petermann-Insel gesehen. Jetzt liegt sie deutlich weiter südlich, bei den Yalour-Inseln. Immer da, wo die Adelies weniger werden, rücken Eselspinguine nach. Mobilität sind sie gewohnt. Sind sie Profiteure des Klimawandels?

Die Königspinguine stehen gut im Saft, stellenweise nehmen die Bestände sogar zu, derzeit sind es knapp 1,6 Millionen Brutpaare jährlich. Königspinguine haben einen speziellen Brutzyklus. Sie brauchen im Schnitt mehr als ein Jahr, um ein Küken großzuziehen, sodass sie nicht jedes Jahr erfolgreich brüten können, deshalb ist die vorweg beschriebene Dunkelziffer an nicht zählbaren Individuen bei ihnen besonders hoch. Die stabile Populationslage scheint sich aber derzeit zu ändern. Ihr großes Leuchtsardinen-Büfett, die antarktische Konvergenz, verschiebt sich durch den Klimawandel nach Süden. Da sie in der Subantarktis leben und von Norden her anreisen, werden ihre Wege länger. Das könnte ihnen gefährlich werden. Dem entgegen steht die Beobachtung, dass sie offenbar gute Wanderer sind und gerne neue Kolonien in gemäßigteren Breiten gründen. Eine spannende Sache – mehr dazu im nächsten Kapitel »Auf zu neuen Ufern«.

Es gibt viele Ausnahmen, aber doch eine zuverlässige Regel, wenn es um Pinguine geht: Je näher sie am Menschen sind, und je dichter besiedelt ihr Lebensraum ist, desto schlechter geht es ihnen. Das ist vor allem in Südafrika, Namibia,

Australien, Neuseeland, Chile, Argentinien und Peru der Fall. Dort werden Straßen und Häuser in Strandnähe gebaut und Felder und Plantagen angelegt. Das hat zur Folge, dass die Pinguine weichen müssen. Straßenschilder, die vor kreuzenden Pinguinen warnen, lassen zwar Touristenherzen höherschlagen, aber die Vögel könnten auf den Verkehr sicher gut verzichten. Auch die Tiere, die die Menschen so mitbringen, sind keine Pinguinfreunde. Allen voran die Ratten, aber auch streunende Katzen und Hunde essen gern Pinguineier und -küken. In Südamerika sind Nerze ein echtes Problem, in Neuseeland die Possums und Hermeline. Zum Teil fressen diese eingewanderten Arten sogar ausgewachsene Pinguine.

Besonders gefährdet ist die Gruppe der Brillenpinguine. Für sie sind die Aussichten rund um den Erdball düster. Die Anzahl der Magellanpinguine in Südamerika geht deutlich zurück, je nach Gebiet nimmt sich dieser Rückgang unterschiedlich drastisch aus. Insgesamt gibt es noch etwa 1,5 Millionen Brutpaare. Alle Risikofaktoren, die ich bislang genannt habe, kommen für sie zusammen: Im Wasser werden ihnen vor allem Ölverschmutzung und Fischerei gefährlich. Sie geraten auf ihren küstennahen Wanderungen in Stellnetze oder leiden Hunger, weil ihnen die Sardellen vor der Nase weggefangen werden. Auch Algenblüten sind ein Problem für sie. An Land sind sie in Gefahr, weil ihre Höhlen nicht sicher sind. Gras wird abgefressen, Wälder werden gerodet, Säugetiere machen sich über ihre Eier her.

Der Afrikanische Pinguin war bereits Thema. Er lebt in Südafrika und Namibia und ist stark gefährdet. Es gibt nur noch fünfundzwanzigtausend Brutpaare. Die Sardellenfischerei vor der afrikanischen Küste macht ihm das Futter streitig, Wasserverschmutzung und sich verändernde Strömungsmuster erhöhen diesen Druck noch. Forscher beobachten, dass sich die Kolonien nach Osten verschieben: Die Tiere verlassen offenbar ihre angestammten Kolonien an der Westküste. Gleichzeitig werden neue Kolonien im Osten etabliert. Ein neues Leben jenseits des Kaps der Guten Hoffnung?

Auch für die Humboldt- und Galápagospinguine ist die Zivilisation die größte Gefahr. Derzeit gibt es noch etwa zwanzigtausend Humboldtpinguin-Brutpaare. Klimawandel und vermehrtes El-Niño-Vorkommen setzen sie unter Stress, die Überfischung tut ein Übriges. In der Region Coquimbo in Nordchile, in der wichtige Brutgebiete liegen, sind derzeit Kohlekraftwerke im Bau oder in Planung. Auch unregulierter Tourismus und Eierklau tun den Tieren nicht gut.

Von den Galápagospinguinen ist nur noch ein trauriges Grüppchen übrig geblieben, etwa 200 bis 300 Brutpaare. Veränderte Strömungsmuster und versiegende Nahrungsquellen machen den letzten Überlebenden hier zu schaffen, ansonsten zeigt sich ein ähnliches Bild wie bei den Humboldtpinguinen: Menschen sind das größte Problem, und die Tiere, die sie mitbringen und laufen lassen.

El-Niño-Jahre sind für die Galápagospinguine eine existenzielle Bedrohung, denn sie haben so gut wie keine

Kapazitäten, die Verluste auszugleichen. Wenn sich die Prognose bewahrheitet, dass dieses Klimaphänomen in Zukunft doppelt so häufig und noch dazu heftiger auftreten wird als bisher, dann werden die Galápagospinguine wohl spätestens bis zum Ende dieses Jahrhunderts ausgestorben sein. Das ist eine sehr zurückhaltende Schätzung. Bei derart wenigen Individuen auf so kleinem Raum kann das auch viel schneller gehen.

Ebenfalls im Warmen, aber unter sehr viel besseren Bedingungen lebt der Zwergpinguin, auch Feenpinguin genannt. Ihm geht es gar nicht so schlecht, etwa dreihunderttausend Brutpaare bevölkern die Küsten Australiens, Tasmaniens und Neuseelands. Hier wurden viele Brutgebiete unter Schutz gestellt. Auch die Tatsache, dass er relativ weitverbreitet ist, ist für den Bestand hilfreich. Wenn zum Beispiel in Neuseeland ein Öltanker havariert, dann gibt es noch genug Kolonien dieser Art in sicherer Entfernung. Schwer tun sich die Zwergpinguine allerdings mit den von Menschen eingeschleppten Tieren, vor allem mit verwilderten Katzen und Hunden.

Die Gruppe der Schopfpinguine ist insgesamt am Kämpfen. Der Macaroni- oder Goldschopfpinguin war lange der Bestandsrekordhalter unter den Pinguinen. Anders als die anderen Arten hat er sich vom großen Schlachten während der Walfangjahrzehnte prächtig erholt. In den Siebzigerjahren zählte man neun Millionen Brutpaare rund um die Subantarktis, es muss eine regelrechte Populationsexplosion gegeben haben. Vermutlich hat er einige Jahrzehnte lang davon profitiert, dass die Wale und Seebären so gut wie ausgerottet waren und somit die Konkurrenz um Krill im subantarktischen Raum so gut wie ausgeschaltet war. Auffällig ist jedenfalls, dass die Goldschopfpopulationen abnehmen, seit in den Neunzigerjahren die Seebären und dann seit dem Ende des 20. Jahrhunderts die Wale zurückgekehrt sind. Heute gibt es etwa 6,3 Millionen Brutpaare.

Die Felsenpinguine sind meine persönlichen Sorgenkinder. Die Population des Südlichen Felsenpinguins auf den Falklandinseln ist in den letzten achtzig Jahren um über fünfundachtzig Prozent zurückgegangen. Sie hat die Zeiten, in denen die Tiere gejagt und verbrannt wurden, nie aufholen können und gilt als gefährdet. Heute gibt es noch etwa eine Million Brutpaare. Fischerei und Meeresverschmutzung haben den Felsenpinguinen arg zugesetzt, auch verwilderte Haustiere gibt es auf den Falklandinseln. Immer wieder sehe ich Katzen durch die Kolonien schleichen.

Noch stärker gefährdet sind die Nördlichen Felsenpinguine. Insgesamt zweihunderttausend Brutpaare existieren auf dem Tristan-da-Cunha-Archipel im Atlantik sowie auf Neu Amsterdam und der Sankt-Paul-Insel im Indischen Ozean. Ähnlich wie beim Galápagospinguin oder beim Snarespinguin in Neuseeland leben da sehr kleine Populationen auf engem Raum. Es gibt sie nur dort und nirgendwo anders. Deshalb sind diese Bestände arg bedroht. Es muss nur eine Seuche ausbrechen oder ein Feuer die Insel verwüsten, dann war's das. Deshalb sind Schiffsunglücke wie das der MS Oliva, die im März 2011 vor Tristan da Cunha auf ein Riff lief, für sie extrem bedrohlich. Aus dem Sojafrachter liefen eintausendvierhundert Tonnen Schweröl ins Meer. Sie verseuchten an weiten Teilen der Küsten die Hauptbrutgebiete der Nördlichen Felsenpinguine.

Ich weiß noch, wie ich damals in Bremervörde vorm Computer saß und die Nachrichten eintrudelten. Sofort habe ich Hilfe angeboten, als kleine Stiftung sind wir sehr unbürokratisch und schnell. Doch die Einsatzhelfer vor Ort waren verständlicherweise offenbar überfordert. Ich habe jedenfalls nie wieder etwas von ihnen gehört. Der Einsatz der knapp dreihundert Inselbewohner war beispiellos. Fast alle packten an und halfen, die verölten Pinguine einzufangen, ihnen Unterkünfte zu bauen, die Vögel zu säubern und zu verpflegen. Nach einigen Tagen kamen dann über die südafrikanische SANCOBB Wissenschaftler, Freiwillige und Ausrüstung. Vermutlich waren etwa zwanzigtausend Tiere betroffen.

Neuseeland ist das Sehnsuchtsland von vielen Deutschen, aber die Pinguine dort dürften sich eher weit weg träumen. Dickschnabelpinguine, Zwergpinguine und Gelbaugenpinguine leiden hier nicht nur unter den Folgen von Fischerei. Eingeschleppte Säugetiere und verwilderte Haustiere stören sie beim Brüten, Straßenverkehr macht es nicht besser. Alle neuseeländischen Arten sind bedroht oder gefährdet. Vom Snarespinguin gibt es noch dreißigtausend Brutpaare. Er lebt einzig und allein auf den Inseln, nach denen er benannt ist, im äußersten Süden des Landes.

Besonders fürchten Forscher und Umweltschützer um den Gelbaugenpinguin. Längst ist bekannt, was ihm Probleme bereitet: die Schleppnetzfischerei. Gelbaugenpin-

Pinguine – eine Vogelfamilie in Gefahr?

Status nach IUCN-Liste, Stand 2018

Art	Bestand (in Brupaaren)	Status
Kaiserpinguin	240 000	Potenziell gefährdet
Königspinguin	1,6 Millionen	Nicht gefährdet
Adeliepinguin	5 Millionen	Potenziell gefährdet
Zügelpinguin	4 Millionen	Nicht gefährdet
Eselspinguin	400 000	Potenziell gefährdet
Südl. Felsenpinguin	1 Million	Gefährdet
Nördl. Felsenpinguin	200 000	Stark gefährdet
Goldschopfpinguin	6,3 Millionen	Gefährdet
Dickschnabelpinguin	3000	Gefährdet
Snarespinguin	30 000	Gefährdet
Kronenpinguin	80 000	Stark gefährdet
Haubenpinguin	500 000	Gefährdet
Afrikanischer Pinguin	25 000	Stark gefährdet
Humboldtpinguin	20 000	Gefährdet
Magellanpinguin	1,5 Millionen	Potenziell gefährdet
Galápagospinguin	2300	Stark gefährdet
Gelbaugenpinguin	1700	Stark gefährdet
Zwergpinguin	300 000	Nicht gefährdet

guine jagen am Meeresboden, und den macht die Tabula-rasa-Fischerei kaputt. Gelbaugenpinguine folgen sogar den Riefen im Meer, die die Grundschleppnetze hinterlassen. Das heißt, sie schwimmen immer öfter der Leere hinterher. Es gibt nichts mehr zu holen. Weil das Ganze sich unter Wasser abspielt, bekommen wir wenig davon mit, deshalb bleibt der Aufschrei aus.

Was macht es, wenn eine Art ausstirbt? Fällt dann in China ein Sack Reis um? Vermutlich nicht – Arten sind schon immer ausgestorben, während gleichzeitig neue entstanden sind. Für uns Menschen ist es traurig. Eine einzigartige Lebensform, die es nur so und nicht anders je wieder geben wird, geht unwiederbringlich verloren. Die Antreiber dieses rasanten Wandels sind wir. Jeder Verlust, und sei er auch noch so »klein«, reißt ein Loch ins Netz des Lebens, das sich in unvorhersehbare Richtungen ausweitet. Die Welt, in der wir leben, wird fragiler, denn ein einfaches Ökosystem ist viel störungsanfälliger als ein komplexes.

Weltweit sterben jeden Tag bis zu hundert Arten aus, auch unsere heimischen Insekten haben wir seit dem Zweiten Weltkrieg um drei Viertel reduziert. Unter Wasser bemerken wir das Verschwinden noch weniger, weil es sich nicht vor unserer Nase abspielt. Was die Folgen davon für uns Menschen sein werden, darüber können wir nur spekulieren. Umweltschützer und Tierfreunde auf der ganzen Welt sind aktiv, sie schreiben Petitionen, gehen demonstrieren, bauen Insektenhotels und retten verölte Seevögel. Das alles hat einen Effekt. Und noch einmal: Viel davon bringt auch viel. Noch bis 2020 läuft die UN-Dekade »Biologische Vielfalt«. Na dann mal los!

Neue Freunde – Pinguine im Kommen

Bei so vielen bedrückenden Neuigkeiten gut zu wissen: Es sterben nicht nur Arten aus – es kommen auch neue hinzu. Das liegt vor allem daran, dass die Methoden der Unterscheidung immer feiner werden. Genetische Untersuchungen haben den letzten Ausschlag dafür gegeben, die Felsenpinguine in den Nördlichen Felsenpinguin und den Südlichen Felsenpinguin zu unterteilen. Eine solche Klassifizierungsentscheidung trifft die *Penguin Specialist Group* der Weltnaturschutzunion *International Union for Conservation of Nature* (IUCN), in der ich als Experte sitze. Die Liste der gefährdeten und bedrohten Tier- und Pflanzenarten wird von der IUCN ständig aktualisiert. Die aktuellen Daten für Vogelarten weltweit werden von BirdLife International und kooperierenden Wissenschaftlern zur Verfügung gestellt.

Wann spricht man von derselben Art? Ich habe noch im Biologieunterricht gelernt, dass das der Fall ist, wenn zwei Individuen miteinander fruchtbare Nachkommen zeugen können. Ist das nicht möglich, ist es keine Art; man denke an das Maultier, das sich nicht fortpflanzen kann. Diese Unterscheidung ist in Zeiten der Globalisierung nicht mehr ganz aktuell. In Zoos etwa pflanzen sich Pinguinarten miteinander fort, die einander in freier Wildbahn nie begegnen würden, wie der Magellan- mit dem Afrikanischen Brillenpinguin. Kein Problem, das geht munter zur Sache. In freier Natur bringen etwa Goldschopf- und Felsenpinguine Nachkommen hervor, die allem Anschein nach auch fruchtbar sind.

Wann ist es sinnvoll, eine Art zu unterteilen? Dazu muss man sich den Lebensraum der Tiere gut anschauen. Populationen, die räumlich so sehr voneinander getrennt sind, dass kein Austausch stattfindet, sind de facto eigene Arten. Als bewiesen gilt das heute, wenn sich die räumliche Trennung auch im Genom niederschlägt. Achtzehn Pinguinarten haben wir erst seit ein paar Jahren, seit der Nördliche vom Südlichen Felsenpinguin unterschieden wird.

Felsenpinguine sind weitverbreitet, sie brüten auf den Falklandinseln, im südlichen Südamerika und auf einigen Inseln im Indischen und Pazifischen Ozean. Auch auf weiter nördlichen Inseln sind die Tiere zu finden, auf Tristan da Cunha, einer Insel etwa auf halber Strecke zwischen Uruguay und dem Kap der Guten Hoffnung in Südafrika, und auf Neu Amsterdam und der Sankt-Paul-Insel im Indischen Ozean. Die Vertreter des nördlichen Familienzweiges sind etwas größer und massiger und haben längere Schopffedern als die südlichen Verwandten. Sie nisten zudem auf weit voneinander entfernten kleinen Inseln.

Die neue Aufteilung ist deshalb sinnvoll, weil die beiden Arten an zwei sehr unterschiedlichen Standorten unter entsprechend diversen Bedingungen leben und dadurch verschiedenen Bedrohungen ausgesetzt sind. Auch für den Artenschutz ist eine solche Unterteilung sehr sinnvoll. Bis 2008 zählten wir insgesamt 1,4 Millionen Felsenpinguine. Seit der neuen Klassifizierung haben wir es mit zweihunderttausend Brutpaaren des Nördlichen Felsenpinguins zu tun. Dadurch hat er den Status auf der IUCN-Liste gewechselt – er gilt jetzt als stark gefährdet. Die Population des Südlichen Felsenpinguins wurde dadurch ebenfalls verringert, diese Art gilt seitdem als gefährdet. Die höhere Gefährdungsstufe kommt den Tieren zugute: Forscher und Umweltschützer haben es so viel leichter, weitere Untersuchungen zu finanzieren und so die Tiere zu schützen.

Es ist gut möglich, dass wir bald schon neunzehn Pinguinarten haben werden. Die *Penguin Specialist Group* diskutiert derzeit darüber, ob es vielleicht bald noch einen weiteren Felsenpinguin gibt – den Östlichen. Denn auch die Tiere, die im Indischen Ozean und im Pazifik brüten, unterscheiden sich genetisch deutlich von ihren Verwandten in und um Südamerika. Optisch sind sie leicht zu identifizieren: Die Kollegen aus dem Osten haben eine zusätzliche Hautfalte an der Schnabelwurzel, ähnlich wie die Magellanpinguine. Auf Fotos ist daher immer ganz leicht zu erkennen, woher der jeweilige Vogel kommt.

Auf zu neuen Ufern – Pinguine erschließen sich neue Lebensräume

Erst war es einer, dann tauchten immer mehr von ihnen auf. An einem Kiesstrand vor dem türkisblauen Wasser der Bahía Inútil, einer großen Bucht in der chilenischen Magellanstraße, im Hintergrund die schneebedeckten Berge der Cordillera de Darwin, standen plötzlich Königspinguine herum und sahen gut aus. Im Jahr 2006 wurden es so viele, dass es sich lohnte, sie zu zählen, und im Jahr 2010 kam es zur Sensation: ein erstes Ei. Sie brüten! Vier Jahre später waren es schon neunzehn Eier, im November 2015 wurde das erste Küken flügge. Im Jahr darauf zählte der Kindergarten schon sechzehn Mitglieder.

Dass Königspinguine in der Magellanstraße brüten, ist neu. Sie tauchen zwar sehr wohl immer wieder einmal an den Stränden rund um Feuerland auf, auch an anderen Stellen in der Region wie Isla Martillo oder bei Ushuaia im Beagle-Kanal sieht man sie ab und zu an Land kommen. Aber für gewöhnlich sind es einzelne Tiere, die sich dort nur ein wenig ausruhen. Sie bleiben nicht. Die Magellanstraße ist, wie der Name schon sagt, traditionell das Reich der Magellanpinguine. Ihr Hauptquartier ist die Isla Magdalena, mit fünfundsechzigtausend Brutpaaren die Touristenattraktion der Region rund um die chilenische Hafenstadt Punta Arenas.

Den Königen ist das egal. In der Bahía Inútil, der »nutzlosen Bucht« im nordwestlichen Teil von Feuerland, scheint es ihnen zu gefallen. Neunzig bis einhundertzwanzig Alttiere waren es im Jahr 2017, und etwa zehn Küken. Mittlerweile fehlt auch der obligatorische Zaun nicht, inklusive Souvenirshop mit Pinguindevotionalien und Kassenhäuschen. Sogar Ferngläser gibt es dort zu kaufen, und die braucht man auch. Im Parque Pingüino Rey wird sehr darauf geachtet, die Tiere nicht zu stören. Beobachten kann man sie durch einen Sehschlitz in einer Bretterwand, die Königspinguine stehen etwa fünfzig Meter entfernt, dazwischen ein kleines Flüsschen und im Hintergrund die Brandung.

Ein paar schicke neue Containerhütten markieren das Interesse der Wissenschaft an den neuen Siedlern. Mitten im weiten, windgepeitschten Grasland der südpatagonischen Pampa ist eine Kombination aus Touristenattraktion und Forschungsstation entstanden.

Der wissenschaftliche Name des Königspinguins lautet *Aptenodytes patagonicus*. Übersetzt heißt das so viel wie »flügelloser Taucher aus Patagonien«. Die früheste Beschreibung eines Königspinguins stammt aus dem Jahr 1778. Vermutlich beruhte sie auf Zeichnungen, die während der ersten Weltumsegelung von James Cook, die ihn auch durch Patagonien führte, angefertigt worden waren. Das könnte ein Hinweis darauf sein, dass es früher schon einmal Königspinguine in dieser Region gegeben hat. Allerdings ist diese Art der Beweisführung bei anderen Pinguinarten auch schon schiefgegangen. So lautet der wissenschaftliche Name des Eselspinguins zum Beispiel *Pygoscelis papua*. Dieser Name wird der Erstbeschreibung eines Exemplars zugeordnet, das in Papua-Neuguinea gefunden wurde. Wahrscheinlicher ist jedoch, dass da ein Eselspinguin von den Falklandinseln nach London transportiert und schlicht mit dem falschen Etikett versehen wurde.

Zurück in die Magellanstraße. Nicht nur die Nomenklatur der Königspinguine, auch archäologische Funde deuten darauf hin, dass die Tiere früher schon einmal in dieser Region gebrütet haben. Man hat Werkzeuge aus angespitzten Pinguinknochen gefunden, die dieser Pinguinart zuzuordnen sind. Sie sind vermutlich fünfhundert Jahre alt und wurden wahrscheinlich von der Gruppe der Selk'nam-Indianer, einem auf Feuerland ansässigen Nomadenstamm, als Werkzeuge genutzt. Der Sage nach waren es die nächtlichen Feuer dieser Eingeborenen, die Magellan veranlassten, die Region Feuerland zu taufen. Der weiße Mann hat sich in dieser Region wenig Ehre gemacht: Kolonialisten und Goldsucher starteten im späten 19. Jahrhundert einen Genozid an den Selk'nam. Die letzten Angehörigen dieser Ethnie starben Mitte des 20. Jahrhunderts.

Was die Königspinguine angeht, so gibt es Grund zu der Annahme, dass die heutigen Neukolonisten in der Magellanstraße eigentlich Heimkehrer sind. Im Gegensatz dazu war »meine« Stammkolonie auf den Falklandinseln, Volunteer Beach, vermutlich keine Wieder-, sondern eine Neubesiedlung. Anders als Felsen- und Eselspinguine, über deren Verwendung als Brennstoff zu Walfangzeiten dort akribisch Buch geführt worden ist, finden sich keinerlei Hinweise auf Königspinguine. Erst seit den Sechzigerjahren siedelten sich auf den Falklands mehr und mehr Königspinguine an. Ein weiteres Beispiel dafür, dass Ökosysteme immer im Fluss sind.

Für mich als Forscher ist diese Kolonie hochinteressant. Wie schaffen es Tiere, neue Lebensräume zu besiedeln? Eine wichtige Frage, gerade in Zeiten des Klimawandels. Besonders interessant ist sie im Hinblick auf die Königspinguine. Wie wir gesehen haben, ist ihre Perspektive nicht die rosigste. Es wird vermutet, dass sich im Zuge der Klimaerwärmung die Antarktische Konvergenz weiter nach Süden verlagern wird. Am härtesten dürfte das die Königspinguine auf Crozet treffen, denn sie haben die weiteste Anreise.

Was bedeutet es, dass die Königspinguine in der Magellanstraße eine neue Kolonie gründen? Haben sie sich verirrt, oder werden sie zu Klimaflüchtlingen? Sind sie bereits auf der Suche nach neuen Lebensräumen? Was machen diese Tiere, die eigentlich auf abgeschiedenen subantarktischen Inseln leben, plötzlich wieder auf dem südamerikanischen Kontinent? Ist die Richtung, die Pinguine bei ihren Wanderungen einschlagen, genetisch programmiert und unveränderlich? Oder ist dieses Verhalten angelernt?

O-Wawatay verrät mir mehr. Fragen Sie mich nicht, wie man auf so einen Namen kommt. Der *Antarctic Research Trust* überlässt die Namensgebung für Pinguinpatenkinder komplett seinen Spendern. Als ich den König mit dem klangvollen Namen in der Magellanstraße mit einem Satellitensender ausgerüstet hatte, schwamm er zunächst wie alle anderen ein bisschen kreuz und quer in der großen

Bucht umher. Dann besann er sich – als einziger meiner ausgerüsteten Pinguine – auf sein Königspinguinerbe und nahm Kurs auf die Polarfront. Er schwamm durch den östlichen Ausgang der Magellanstraße, bog nach Süden ab und tummelte sich ein paar Wochen lang in der Drake Passage, zwischen Kap Hoorn und der Antarktischen Halbinsel. Hier hätte er eigentlich bleiben können.

Er wollte aber offensichtlich weiter. Ohne Umwege schwamm er nach Westen, und das etwa zweitausend Kilometer weit. Vermutlich folgte er dem Geruch von Dimethylsulfid, der den Pinguinen, die gegen die Strömung schwimmen, mit den Westwinden in die Nase weht. Wie viele andere Seevögel auch sind sie in der Lage, diesen Stoff, der auf Zooplankton und dessen Fressfeinde hinweist, olfaktorisch zu orten. Etwa drei Monate später kam unser Pinguinreporter an den westlichsten Punkt seiner Reise.

An einem schönen Tag Ende Oktober beschloss er, den Rückweg anzutreten. Den zog er durch, ohne Umweg bis nach Südgeorgien, etwa viertausend Kilometer legte er dabei innerhalb von vier Wochen zurück. Was für Entfernungen für so ein kleines Tier! In Wirklichkeit hat er noch viel mehr Strecke gemacht, denn er bewegte sich ja auch noch im dreidimensionalen Raum und tauchte immer wieder bis auf dreihundert Meter Tiefe ab. Insgesamt ist O-Wawatay sicher über zwanzigtausend Kilometer weit geschwommen. Ich finde das phänomenal. Dass er sich »verirrt« hat, glaube ich nicht. Die Zielstrebigkeit des Tiers spricht dagegen. Er hätte zum Beispiel auf den Falklandinseln durchaus mal an Land gehen und sich ausruhen können. Das hat er aber nicht getan.

Unser Patenkind schien sehr genau zu wissen, wo Südgeorgien liegt. Ich nehme daher an, dass er dort geschlüpft ist. Vermutlich ist er von dort aus auch ursprünglich aufgebrochen. Leider lässt sich das nicht durch genetische Untersuchungen überprüfen. Pinguine treffen sich auf hoher See und tun sich zu Gruppen zusammen, durchaus auch mit Tieren aus anderen Gebieten. Ich gehe davon aus, dass O-Wawatay noch nicht geschlechtsreif war, als er in Südgeorgien aufbrach, und sich auf See irgendwann ein paar Kumpels angeschlossen hat, die auf dem Weg in die Magellanstraße waren. Dort hat er sich dann eine Zeit lang umgesehen und ist eines Tages von mir als Freiwilliger auserkoren worden.

Ich hatte eigentlich ein Alttier ausrüsten wollen, um zu sehen, wohin es schwimmt, um sein Küken zu füttern. Da man ältere Jungtiere optisch nicht von geschlechtsreifen Alttieren unterscheiden kann, kam O-Wawatay irrtümlich in den Genuss eines Satellitensenders – und ich erhielt wertvolle Informationen. Ich vermute, dass er nach der langen Winterwanderung nach Südwest dann doch Heimweh nach Südgeorgien bekam.

Was der Jungspund da macht, ist nicht unbedingt typisch für die Art. Im Allgemeinen kehren Pinguine wie alle Seevögel zu ihrer Ursprungskolonie zurück, um zu brüten. Ein gewisser Prozentsatz der Jungtiere wandert aber offenbar aus, um in neue Gebiete vorzustoßen, denn in den Jahren vor dem ersten Brüten sind die Tiere noch heimatlos.

Ein anderes Beispiel für dieses Jungpionierverhalten ist Happy Feet, ein Kaiserpinguin, der im Jahr 2011 an der Westküste der neuseeländischen Nordinsel an Land ging.

Der unternehmungslustige Kaiser bekam ordentlich mediale und medizinische Aufmerksamkeit. Er hatte zu viel Sand gefressen, der ihm schwer im Magen lag. Wahrscheinlich hatte er ihn für Schnee gehalten. Offenbar kannten die Tiermediziner vor Ort die schonende Magenspülmethode nicht, denn Happy Feet musste eine Magenoperation über sich ergehen lassen. Er war ein extremer Grenzgänger, er hat arg über die Stränge geschlagen. Die meisten Jungtiere, die so sehr von der Linie der Art abweichen, sterben in der Fremde. Andere, wie O-Wawatay, stoßen in neue Gebiete vor, in denen es ihnen durchaus gefällt und gut geht.

Unser Patenkind ist ein Einzelgänger, und seine Satellitendaten zeigen nur die Wanderungen dieses einen Tieres. Sie sind also nicht repräsentativ. Aber sein Verhalten ist interessant in Hinblick darauf, was die Masse macht. Was als Ausflug eines Einzeltiers beginnt, kann der Beginn einer neuen Kolonie werden, wenn sich noch andere Artgenossen dazugesellen und wenn sich darunter auch ein Partner findet. Nach dem ersten Brüten hat der Pinguin dann eine Heimat, der er treu bleibt. Es ist deshalb spannend, zu verfolgen, was die Könige in der Bahía Inútil in den nächsten Jahren tun werden.

In Kooperation mit Forschern aus Chile und Argentinien sowie der *Global Penguin Society* untersuchen wir derzeit, wie sich die Könige in der Magellanstraße ernähren. Bisher ergibt sich das Bild, dass sie sich ähnlich wie Eselspinguine verhalten. Das heißt: Sie unternehmen nur kurze Beutezüge und kehren oft nach Hause zurück.

Die herkömmlichen Lebensräume der Tiere, etwa die Falklandinseln, Südgeorgien oder Crozet, liegen mitten im

Ozean. Die dort ansässigen Tiere legen weite Strecken zurück, um Nahrung zu finden, und tauchen im Normalfall bis zu zweihundertfünfzig Meter, manchmal sogar bis zu vierhundert Meter tief. In der Magellanstraße sind gerade mal hundertfünfzig Meter Tiefe nötig, in der Bucht Bahía Inútil selbst sogar nur knappe fünfzig. Die Länge der Beutezüge verkürzt sich so für die Tiere auf etwa ein Drittel. Das lohnt sich!

Leuchtsardinen waren gestern, die gibt es in der Magellanstraße nicht. Von irgendetwas Leckerem scheint aber reichlich vorhanden zu sein, sonst wären die neuen Siedler nicht so proper. Was genau vor Ort auf ihrem Speisezettel steht, das untersuchen wir gerade. Erste Ergebnisse weisen darauf hin, dass sie sich hauptsächlich von Kalmaren und Heringen ernähren.

Sicher ist: Die Könige in der Magellanstraße führen ein bequemes Leben, das ihnen körperlich vergleichsweise wenig abverlangt. Was die Energiebilanz angeht, ist das vorteilhaft. Andererseits haben sie es mit Typen zu tun, die sie von anderen Standorten nicht kennen: Immer mal wieder läuft ein Biber durch die Kolonie und sammelt Gras, oder es stehen plötzlich Nandus und Guanakos herum. Diese Tiere sind vergleichsweise harmlos – andere eingeschleppte Landsäugetiere wie Nerze und Füchse sind da schon gefährlicher, sie machen sich über die Eier her. Auch Vogelkrankheiten sind auf dem Kontinent häufiger als auf entlegenen Inseln im Atlantik. Im Jahr 2017 schien ein Virus zu wüten, die Zahlen in der Kolonie gingen deutlich zurück. Wer auswandert, nimmt immer ein Risiko auf sich.

Antarctic Research Trust – Inseln und Arten schützen

Das Zodiac drosselt bereits die Geschwindigkeit, wir nähern uns der kleinen Bucht. Sobald wir auf Grund laufen, springe ich aus dem Schlauchboot, dicke antarktistaugliche Gummistiefel schützen mich vor dem eiskalten Wasser, das um meine Füße gluckert. Der Motor tuckert noch, als ich das Zodiac auf den Kiesstrand ziehe, aber mein Herz schlägt mir so laut in den Ohren, dass ich ihn kaum höre. Eine Minute zuvor noch waren wir von großem Interesse für drei Orcas, die unter unserem Schlauchboot umhertauchten. Ausgewachsene Schwertwale, der Bulle mit seinen acht Metern Länge viermal so lang wie unser Boot. Menschen stehen angeblich nicht auf dem Speiseplan von Orcas, aber ich würde meine Hand nicht dafür ins Feuer legen.

Solche Begegnungen mit Schwertwalen gehen mir unter die Haut. Man hat keine Ahnung, was sie als Nächstes tun, ihre Gemütslage sieht man ihnen nicht an – meine war in etwa »Äh, ich tu dir nix, tu du mir auch nichts«. Erst jetzt, mit festem Boden unter den Füßen, lässt das Adrenalin langsam nach, und ich spüre meine Knie zittern.

Am Strand lagert eine Seeelefantenkinderstube und strahlt Ruhe aus. Dick in Babyfell eingemummelte Speckwürste mit dunklen Kulleraugen groß wie Untertassen liegen zwischen angeschwemmtem Tang. Ein paar Strandmeter weiter wächst bereits dichteres Tussockgras. Ein Magellanpinguin stürzt vor uns davon. Er nistet in einer Höhle unter dem Gras und grüßt uns mit dem Hinterteil, bevor er in seinem Loch verschwindet. November 2008. Es ist das erste Mal, dass wir Fuß auf Sea Lion Easterly setzen – ein erhebendes Gefühl. Kaum ein Mensch hat je diese Insel betreten, die Tiere sind hier normalerweise ganz unter sich.

Sea Lion Easterly gehört zu den Sea Lion Islands, einem Grüppchen entlegener kleiner Inseln im Südosten des Falkland-Archipels. Im Jahr 2004 hat der *Antarctic Research Trust* diese Insel erworben, zusammen mit den kleineren Nachbarinseln Rum, Brandy und Whiskey. Hochprozentig ist hier vor allem die Natur, die Sea Lion Islands gehören zu den besten Wildlife-Spots, die die Falklandinseln zu bieten haben. Die kleinen Inseln sind unberührt, bis auf das leider auf diesem Planeten allgegenwärtige Plastik. Kiesstrände und steile Klippen wechseln sich auf engem Raum ab. Wo immer der Südatlantik sich an den Felsen bricht, sind die Inseln von ausgedehnten Algenwäldern umgeben, ein Ring aus Kelp umschließt die Eilande, meterlange olivgrüne Braunalgententakel wiegen sich in der Brandung wie das Haar gigantischer Meerjungfrauen. Diese Unterwasserkelpwälder sind Heimat und Kinderstube für jede Menge Tiere, von Wirbellosen über Fische bis hin zu einigen Vogelarten wie zum Beispiel die falkländische Kelpgans. Seebären, Seelöwen, Seeelefanten, Peale- und Commerson-Delfine finden hier Nahrung.

An Land setzt sich die Vielfalt fort. Die Inseln sind ein Rückzugsgebiet für die ursprüngliche Tier- und Pflanzenwelt der Falklandinseln. Auch einige bedrohte Arten sind hier noch zu finden, zum Beispiel der Falkland-Zaunkönig. Ein wahres Vogelparadies. Hier lässt sich beobachten, wie die Falklands aussahen, bevor sie von Menschen besiedelt wurden. Wie überall auf der Welt kamen auch hier die europäischen Siedler in Begleitung: Sie brachten an Bord ihrer Schiffe nicht nur Schafe und andere Nutztiere aus der Heimat mit, sondern auch Ratten. Wo die Nager mit den nackten Schwänzen auf am Boden brütende Vögel treffen, vermehren sie sich entsprechend - wie in Südgeorgien so auch auf den Falklandinseln. Eier und junge Küken sind hervorragende schnelle Snacks.

Vogelparadies Falklandinseln

Die Falklandinseln lassen jedes Ornithologenherz höherschlagen. Aufgrund der Insellage und der gleichzeitigen relativen Nähe zum Südamerikanischen Kontinent lebt auf den Falklands eine bunte Mischung maritimer und kontinentaler Arten. Zweiundsechzig Vogelarten brüten auf den Falklandinseln: Schwarzbrauenalbatrosse, Südliche Riesensturmvögel, Dünnschnabel-Sturmvögel und Felsenpinguine haben hier ihre weltweit größten Brutbestände. Endemische Arten wie die Falkland-Dampfschiffente oder der Cobb's Hauszaunkönig sind ebenfalls anzutreffen. Auch die letzten circa tausend Brutpaare der Falkland-Karakaras leben auf den Falklands.

Sea Lion Easterly ist rattenfrei. Falkland-Zaunkönige hüpfen mir um die Füße, rotbraune Plusterkugeln mit braun-schwarz gebänderten Flügeln. Diese Verwandten unseres heimischen Zaunkönigs gibt es nur, wo keine Ratten leben. Ebenso die Tussock-Vögel, benannt nach dem Gras, das sie zum Brüten brauchen – hier staksen diese beiden Arten am Strand zwischen Steinen und angespültem Kelp umher, hier kann es definitiv keine Ratten geben.

Sally Poncet, unsere Frau auf den Falklandinseln, hat den Nagern den Kampf angesagt. Allein auf den Falklands hat sie mittlerweile über fünfzig Inseln von Ratten befreit, indem sie vergiftete Köder ausgelegt hat. Das Beispiel Südgeorgien hat gezeigt, wie sehr die Vogelwelt aufatmet und zu neuem Leben erblüht, sobald die nagenden Räuber weg sind. Von Sallys dort gesammelter Expertise profitieren jetzt auch die Falklandinseln.

Muss man Inseln gleich kaufen, um sie zu schützen? Sagen wir mal: Es hilft. Land unter staatlichen Naturschutz zu stellen ist gar nicht so einfach. Wir bemühen uns für die Sea Lion Islands seit Jahren um diesen Status. Ihn dann wirklich zu bekommen, das dauert. Bis dahin sind die Inseln jedoch de facto bereits geschützt, weil sie der Stiftung gehören und wir als Besitzer darüber bestimmen, was dort passiert. Ob Forscher, Tourist oder Einheimischer: Jeder, der auf Rum, Brandy, Whiskey oder Sea Lion Easterly an Land gehen will, muss uns vorher um Erlaubnis fragen. So können wir die Menge der Menschen, die vor Ort die tierischen Bewohner der Insel stören könnten, begrenzen. Und bieten im Gegenzug den Tieren einen Raum, in dem sie sich ungestört vermehren können.

In einer Welt, in der die Menschen bis in die letzten Winkel der Erde vordringen, werden Rückzugsräume für Tiere immer seltener. Deshalb ist das Prinzip Naturschutzgebiet von höchster Wichtigkeit für den Artenschutz. Das gilt auch fürs Meer. Wenn wir Ökosysteme an ausgewiesenen Stellen sich selbst überlassen und darauf verzichten, sie auszubeuten, dann geben wir ihnen die Chance, sich zu regenerieren.

Wissenschaftler haben sich die Entwicklung von unter Schutz gestellten Ökosystemen im Meer angeschaut und konnten nachweisen, dass deren Artenvielfalt steigt. Fische und andere Tiere, die außerhalb der Schutzgebiete gejagt werden, wachsen hier wieder zu einer stattlichen Anzahl heran und erreichen ein höheres Alter. Das wiederum kommt der Fortpflanzung zugute, und so setzt sich der positive Effekt fort, das Nahrungsnetz hinauf, nach rechts und links. Nationalparks schützen einzelne Arten und Tiere und gleichzeitig das Ökosystem als Ganzes.

Umweltschützer fordern deshalb, einen viel größeren Anteil der Meere unter Schutz zu stellen und weltweit marine Nationalparks einzurichten, sowohl in Küstennähe als auch auf hoher See. Vierzig Prozent der Fläche fordert Greenpeace. Idealerweise wären diese Parks miteinander verbunden, über den gesamten Erdball hinweg, sodass das Gesamtsystem Weltmeer die Chance bekommt, sich zu regenerieren.

Im Jahr 2010 haben sich die Vertragsstaaten der *Convention on Biological Diversity* (CBD; auf deutsch: Übereinkommen über die biologische Vielfalt) im japanischen Nagoya darauf geeinigt, zehn Prozent der Meere bis zum

Jahr 2020 unter Schutz zu stellen. Auch Deutschland ist Vertragspartner. Wir dürfen gespannt sein, ob es klappt, dieses Ziel zu erreichen. Derzeit stehen etwa vier Prozent der Ozeane unter Schutz. Leider wird bereits deutlich, dass einige Nationen pfuschen, indem sie ökologisch unbedeutende oder ohnehin nicht genutzte Gebiete unter Schutz stellen. Auch deshalb ist es wichtig, dass Forscher sich klug einbringen und ihr Wissen an die richtigen Leute und Organisationen weiterleiten.

Was die Antarktis angeht, ist schon erfreulich viel erreicht worden. Im Jahr 2016 haben die Mitgliedsstaaten der Internationalen Kommission zur Erhaltung lebender Meeresressourcen (CCAMLR) sich darauf geeinigt, eine riesige Fläche im antarktischen Rossmeer, südwestlich der antarktischen Halbinsel, unter Schutz zu stellen. Das Abkommen schien an Russland zu scheitern. Der britisch-südafrikanische Freischwimmer und Ozeanaktivist Lewis William Gordon Pugh, ein beeindruckender Typ, hat sich dann mächtig ins Zeug gelegt. Auf der Weltpinguinkonferenz 2016 hat er den Teilnehmern erzählt, wie er den Durchbruch erreichte: Eine Reise nach Russland, ein Treffen mit Putin bei einem Eishockeyspiel und Gespräche in der Männerdusche spielten eine wesentliche Rolle.

Das geschützte Areal ist so groß wie Frankreich, Deutschland und Spanien zusammen, es ist das derzeit größte Meeresschutzgebiet der Welt. Weitere Gebiete wie das Weddell-Meer sollen folgen, aber auch das wird nicht so einfach sein. Alle Antarktis-Vertragsstaaten müssen zustimmen. Bis jetzt weigert sich mal wieder Russland.

Als Stiftung unterstützen wir solche Bemühungen, wo

immer wir können, sei es durch Daten, die ich zur Verfügung stelle, oder auch durch Forschung, die ich gezielt für solche Projekte und Kampagnen durchführe. So sind wir Mitglied beim deutschen Verein Sphenisco, der sich für den Schutz der Humboldtpinguine einsetzt und sich unter anderem um ein Meeresschutzgebiet in der Region La Higuera vor der nordchilenischen Küste bemüht. Achtzig Prozent dieser Vögel brüten hier auf der Isla Chañaral. Auch im Forum zum Schutz des Patagonischen Schelfs engagieren wir uns und bringen unsere Daten ein.

Ökosysteme vor Verschmutzung und Ausbeutung schützen, das funktioniert. Was sich im großen Maßstab bewährt, das tun wir als Stiftung im Kleinen. Auf den Sea Lion Islands erforschen wir, wie eine Welt aussieht, in der der Mensch so gut wie nicht vorhanden ist. Auf der Insel Hummock versuchen wir, diesen Zustand wiederherzustellen. Die sichelförmige Insel haben wir im Jahr 2016 erworben. Sie ist etwa dreihundert Hektar groß und liegt in der King George Bay, auf der Nordwestseite von West-Falkland. Auch sie ist ein wichtiges Brutgebiet für seltene Vogelarten. An den gut erhaltenen Stellen der Insel ist alles da, was die Falklands ausmacht: An den Stränden gibt es Seelöwen, in den Felsen etwa tausend Felsenpinguinbrutpaare, dazu über die Insel verteilt Magellanpinguine, Falklanddrosseln, Maskentyrannen, Schwarzkehlammerfinken und viele Tiere mehr.

Das Paradies hat hier allerdings deutliche Dellen. Anders als unsere Sea Lion Islands wurde Hummock lange bewirtschaftet. Noch bis in die Achtzigerjahre hinein weideten hier Schafe und Pferde. Deshalb ist die Insel stark erodiert, ein Problem, mit dem die Falklandinseln grundsätzlich zu kämpfen haben. Es zeigt sich das gleiche Phänomen wie überall auf der Welt, wo Flächen überweidet werden: Sobald die Pflanzen fehlen, die den Mutterboden halten, wird dieser davongeweht oder vom Regen weggeschwemmt. Übrig bleibt erst Sand, dann blanker Fels. Oder Torfboden, der aussieht, als wäre er verbrannt, tiefschwarz, ohne jeden Bewuchs – häufig auf den Falklands und auch auf Hummock in manchen Bereichen zu sehen. Das liegt daran, dass Torf eine Vorstufe von Kohle ist. Die Erosion ist hier so weit fortgeschritten, dass die Natur es bisher nicht geschafft hat, sich ihren Lebensraum zurückzuholen. An diesen Stellen ist es so trocken, dass nichts wachsen kann. Und weil nichts wachsen kann, ist wiederum der Boden ungeschützt Wind und Wetter ausgesetzt und trocknet dadurch immer weiter aus. Das ist der Teufelskreis der Erosion.

Wie lässt sich eine solche Abwärtsspirale unterbrechen? Wir haben uns zum Ziel gesetzt, Hummock zu renaturieren und die Insel in ihren ursprünglichen Zustand zurückzuversetzen. Das tun wir, indem wir Tussockgras anpflanzen. Tussock ist eine Grasart, die auf den Falklands heimisch ist, bis zu drei Meter hoch wird und in dichten Büscheln wächst. Früher war die gesamte Küstenlinie der Falklandinseln von diesem fast undurchdringlichen Gebüsch bewachsen. Die frühen Entdecker hielten die wipfelartigen Büschel für Baumkronen.

Das ist gar nicht so verkehrt, denn auf den baumlosen Inseln hat das Tussock tatsächlich die ökologische Funktion von Bäumen. Die großen Grasbüsche bieten dreidimensionalen Lebensraum, sie sind daher für Vögel ideal zum Brüten. In Gebieten mit Tussock finden wir fünfmal mehr Vögel als in Gebieten, in denen das Gras nicht mehr wächst. Oben in den Bulten nisten Raubvogelarten wie die Falkland-Karakaras, zwischen den Halmen brüten Singvögel wie zum Beispiel der Falkland-Zaunkönig, und unter den mächtigen Füßen der Büsche graben Magellanpinguine und Sturmvögel ihre Bruthöhlen. Felsenpinguine nisten gern im Windschatten von Tussockbüschen, sie bieten ihnen Schutz vor Wetterkapriolen.

Ursprüngliches Tussock ist nahezu undurchdringlich. Ich persönlich pflege eine Hassliebe zu diesem Gewächs. Manchmal ist es wirklich zum Verzweifeln, wenn die Kraft nachlässt, das Herz einem schon in den Ohren pocht und man einfach nicht durchkommt. Ich habe mir angewöhnt, mich dann einfach fallen zu lassen. Das Gras ist ja weich. Dann bleibe ich einfach eine Weile liegen und warte, bis der Puls sich beruhigt hat und ich wieder neuen Mut gefunden habe. Mit genügend Kraft in den Knochen und ausreichend Proviant in der Dose macht es riesigen Spaß, sich wie Indiana Jones durchs mannshohe Dickicht zu schlagen. Zum Pausemachen ist es ideal, vor allem wenn die Sonne scheint. Nichts ist schöner, als sich an einen sonnenwarmen Tussockbusch zu lehnen, schön weich im Rücken, und dem Treiben einer Pinguinkolonie zuzugucken. Der ideale Platz auch für ein Nickerchen an anstrengenden Forschertagen. Wenn ich zum Sound von Meeresrauschen, Pinguinen und Albatrossen einschlafe oder aufwache, bin ich der glücklichste Mensch der Welt.

Tussock schmeckt auch lecker. Die Halme kann man

leicht aus einem Busch ziehen und dann am Mark naschen. Mache ich oft, schmeckt ein bisschen wie Bambussprossen. Weidenden Tieren wie Schafen, Rindern und Pferden mundet es ebenfalls vorzüglich. Leider haben sie weniger ökologische Skrupel als ich. Das Bültgras ist deshalb auf den beiden Hauptinseln bereits so gut wie verschwunden. Dadurch fehlt den Pinguinen wichtiger Schutz vor der harschen Witterung. Nach starken Regenfällen ist daher die Kükensterblichkeit besonders hoch.

Fehlt das Tussock, fehlten Lebensraum und Schutz für den Boden. Deshalb pflanzen wir neues Gras. Das ist nicht schwer: Man zieht einfach aus einem ausgewachsenen Busch ein kräftiges Büschel samt Wurzeln heraus und legt diesen Ausrupf auf den Boden. Das klappt gut, wir verzeichnen bereits erste Erfolge. Wichtig dabei ist, dass die Wurzeln Kontakt zur Erde haben und mit einem Stein beschwert werden, damit der Wind das Büschel nicht davonweht. Die Methode ist so einfach, dass ich anfangen möchte, Tussockpflanz-Workshops anzubieten. Die Idee dahinter ist, dass Kreuzfahrtreisende ihren ökologischen Fußabdruck verringern können, indem sie Tussock pflanzen. Das Baumgras speichert nämlich so viel Kohlendioxid wie in unseren Breiten der Wald.

Die Renaturierung unserer Insel wollen wir wissenschaftlich begleiten und untersuchen. Wie geht das vor sich, wenn das Leben zurückkehrt? Welche Tiere kehren in welcher Reihenfolge zurück? Welche Fehler sollte man vermeiden? Den Transfer auf andere Inseln wollen wir gleich mitdenken. Hummock soll eine Basis für Feldforschung werden. Im November 2018 eröffnen wir dort eine kleine Forschungsstation: ein einfaches Haus mit minimalem Komfort. Hier sollen langfristige Datensätze gesammelt werden, die Tiere wohnen ja direkt vor der Haustür. Die Station stellen wir unentgeltlich auch anderen Forschern zur Verfügung, als Gegenleistung sollen sie uns bei den Renaturierungsarbeiten unterstützen. Das ist ein echter Mehrwert für die wissenschaftliche Gemeinschaft auf den Falklands, denn bis jetzt sind Aufenthalte im Feld entweder sehr unbequem oder sehr teuer. Indem wir die Forschung vor Ort fördern, wollen wir weiter zum Artenschutz beitragen.

Vom Fenster der Station aus ist eine Schule Seiwale zu sehen, die durch die King George Bay zieht. Beeindruckende Tiere, die drittgrößte Art im Südpolarmeer. Auch sie waren schon fast verschwunden. Heute pflügen wieder rund zehntausend von ihnen durch die Meere des Südens. Mein Blick wandert zur der kleinen Bucht unterhalb der Forschungsstation. Gerade hüpft ein Magellanpinguin auf den Strand – ich folge ihm mit den Augen, um mir zu merken, wo seine Höhle liegt. Morgen früh, wenn er zum Jagen aufbricht, schnappe ich ihn mir. Er soll eines meiner neuesten Geräte für mich testen: eine Miniatur-Actionkamera, gekoppelt mit einem Fahrtenschreiber. Magellanpinguine sind im Küstenbereich der Falklandinseln weitverbreitet. Über ihr Jagdverhalten wissen wir aber noch viel zu wenig. Von der Kamera erhoffe ich mir Einblicke in ihr Leben, die ich bis jetzt noch nie hatte. Wie finden sie Beute, wie jagen sie, wie fangen sie, und wie fressen sie dann? Wenn alles klappt, werde ich mir das alles anschauen können. Und vielleicht ja auch irgendwann einmal Millionen Pinguinfans auf YouTube?

Der Magellanpinguin schüttelt sich kurz und wackelt dann eilig den Hang hinauf zu seiner Höhle. Renovierung ist angesagt – die Brutsaison steht vor der Tür.

DANK

Klemens Pütz:
Eine Aufzählung aller, die mich bei meinem beruflichen Werdegang auf vielfältige Art und Weise unterstützt haben, würde nicht nur viel zu viele Seiten füllen, sondern auch zwangsläufig dazu führen, dass einige vergessen würden. Aus diesem Grund möchte ich mich namentlich nur bei einer Handvoll Personen bedanken: bei meinen Eltern, die mich immer unterstützt und mir die zahlreichen Interaktionen mit Tieren schon in frühester Jugend ermöglicht haben. Bei meiner Frau Andrea und meiner Tochter Jennifer, die während der zahlreichen und langen Expeditionsreisen der letzten Jahre den Alltag zu Hause alleine gewuppt haben. Tief verbunden fühle ich mich auch Marianne und Benno Lüthi, die mir dabei geholfen haben, einen völlig neuen Weg in der Pinguinforschung einzuschlagen. Mein Dank geht auch an die zahlreichen Menschen innerhalb der internationalen Pinguingemeinschaft, allen voran an die Mitglieder der ehemaligen Pinguingruppe an der Universität Kiel, die mir die ersten Watschelgänge unter Pin-

guinen ermöglicht und mir viel beigebracht haben. Auch denjenigen, die mit mir während der Feldarbeit über Wochen Zelte, Hütten oder Tomaten geteilt und dabei auch meine Launen ertragen haben, sei gedankt für ihre Geduld und Toleranz. Während meiner zahlreichen Aufenthalte auf den Falklandinseln haben mich sehr viele Falkländer in allen Belangen des Lebens und der Forschung unterstützt. Ganz besonderer Dank gebührt hier Sally Poncet. Auch den zahlreichen Kollegen auf den verschiedenen Expeditions-Kreuzfahrtschiffen möchte ich für die freundschaftliche Unterstützung und die Weitergabe ihres Wissens über viele Aspekte der Polargebiete danken.

Dunja Batarilo:

Ich danke der Crew der MV Hans Hansson für eine unvergessliche Reise um die Falklandinseln und den vielen klugen Menschen, die mir ihre Expertenhirne geliehen und erste Versionen korrigiert haben. Allen Freunden und Helfern, die in den unterschiedlichsten Situationen mit Rat und Tat an meiner Seite waren – ich kann euch hier nicht alle beim Namen nennen, aber im Herzen weiß ich um jeden von euch. Ganz besonderer Dank geht an Harald Kuhn für eine wunderbare Brandenburger Schreibscheune und an meine Mutter Beate Batarilo fürs geduldige Probelesen. An Hanne Reinhardt und Miriam Janke für wertvollen Rat, der immer von Herzen kam. Und last but not least an Jens Lubbadeh für viel Geduld und liebevolle Unterstützung und für den passenden Kalauer im richtigen Moment.

Mein Dank geht auch an Klemens Pütz für ein erstaunliches und vergnügliches Jahr voller Überraschungen – mit ihm und den Pinguinen. Und nicht zuletzt an den Magellanpinguin ohne Namen, der mir in einer Strandbar in Uruguay zublinzelte und zu sagen schien: »Mach mal, das wird super!«

Gemeinsam danken wir Gila Keplin (Agentin der Herzen) von der Literarischen Agentur Simon für die Idee, uns zusammenzubringen, sowie Bettina Eltner und dem Ullstein Verlag für das große Vertrauen in dieses Projekt.

Bremervörde und Berlin im August 2018
Klemens Pütz und Dunja Batarilo

Anmerkungen

1 Cherry-Garrard, Apsley [1922]: *The Worst Journey in the World.* Benedicton Classics. Oxford 2008, S. 114.

2 Russell, G. D. D., W. J. L. Sladen & D. G. Ainley: *Dr. George Murray Levick (*1876–1956*): unpublished notes on the sexual habits of the Adelie penguin.* In: *Polar Record* 48*(*4*),* 2012, S. 387–393.

3 Cherry-Garrard, Apsley [1922]: *The Worst Journey in the World.* Benedicton Classics. Oxford 2008, S. 9.

4 Clover, Charles: *Fisch kaputt. Vom Leerfischen der Meere und den Konsequenzen für die ganze Welt.* Riemann Verlag. München 2005, S. 7 f.

5 Callum Roberts*: Der Mensch und das Meer.* Deutsche Verlags-Anstalt. München 2013, S. 85.

Weiterführende Literatur zum Thema

Über die Arbeit der von Klemens Pütz mitbegründeten und geleiteten Stiftung *Antarctic Research Trust* können Sie sich hier informieren: www.antarctic-research.org.

Die wissenschaftlichen Arbeiten von Klemens Pütz können hier eingesehen werden:
https://www.researchgate.net/profile/Klemens_Puetz

Folgende Bücher von Klemens Pütz richten sich an Reisende in die Antarktis und Subantarktis:

Pütz, Klemens/Reinke-Kunze, Christine: *Antarktische Halbinsel, Falklandinseln, Südgeorgien – Reisebegleiter.* Antarctic Research Trust, Schweiz 2013.

Lüthi, Benno/Pütz, Klemens/Reinke-Kunze, Christine: *Tierwelt der Antarktis und Subantarktis*. Antarctic Research Trust, Schweiz 2014.

Hier eine Auswahl an Büchern und Websites zur weiteren Lektüre:

Pinguine:

Die deutsche Literatur zum Thema Pinguine ist relativ überschaubar, zudem sind die meisten Werke nur noch im Antiquariat erhältlich. Auf Englisch gibt es aber eine Reihe empfehlenswerter Bücher:

Boersma, P. Dee/Borboroglu, Pablo Garcia: *Penguins – Natural History and Conservation.* University of Washington Press. Seattle 2013.

Kooyman, Gerald L./Lynch, Wayne: *Penguins – The Animal Answer Guide.* John Hopkins University Press. Baltimore 2013.

Salomon, David: *Penguin-Pedia.* Brown Books Publishing Group. Dallas, Texas 2011.

Cornthwaite, Julie/Tui de Roy, Mark Jones: *Penguins – Their World, Their Ways.* Bloomsbury Publishing. London 2013.

Davis, Lloyd Spencer: *Professor Penguin – Discovery and Adventure with Penguins.* Random House New Zealand. Auckland 2014.

Naveen, Ron: *Pinguine – die kleinen Leute der Antarktis.* Scherz Verlag. Bern, München, Wien 2001.

Informationen zu Pinguinen im Allgemeinen oder zu bestimmten Projekten/Arten im Internet:

Global Penguin Society: http://www.globalpenguinsociety.org/news-eng.php
Oceanites: https://oceanites.org/
Sphenisco e. V.: http://www.sphenisco.org/
Costa Humboldt: http://www.costahumboldt.org/en/
Dickschnabelpinguin-Projekt: http://www.tawaki-project.org/
Helfen Sie bei der Zählung von Pinguinen: https://www.penguinwatch.org/
Pinguin-Rehabilitationszentrum in Südafrika: https://sanccob.co.za

Antarktis:

McGonigal, David/Woodworth, Lynn: *Die Welt der Antarktis – Geheimnisse des südlichen Kontinents*. Delius Klasing Verlag. Bielefeld 2011.
Cherry-Garrard, Apsley: *The Worst Journey in the World*. Benedicton Classics. Oxford 2008.
Umweltbundesamt:
https://www.umweltbundesamt.de/themen/nachhaltigkeit-strategien-internationales/antarktis
Alfred-Wegener-Institut: https://www.awi.de/

Subantarktis und gemäßigte Zonen:
South Atlantic Environmental Research Institute:
https://www.south-atlantic-research.org/

Falklands Conservation: http://www.falklandsconservation.com/
Falklandinseln: https://www.falklandislands.com/
Südgeorgien: http://www.gov.gs/
South Georgia Heritage Trust: http://www.sght.org/

Fischerei:

Clover, Charles: *Fisch kaputt. Vom Leerfischen der Meere und den Konsequenzen für die ganze Welt.* Riemann Verlag. München 2005.

Das Meer:

Callum, Roberts: *Der Mensch und das Meer.* Deutsche Verlags-Anstalt. München 2013.
Forum for the Conservation of the Patagonian Sea: http://marpatagonico.org/en/

Plastik:

Film über die Albatrosse auf Midway Island: https://www.albatrossthefilm.com/

https://www.theoceancleanup.com/
https://plasticoceans.org/
https://marinedebris.noaa.gov/about-us

50
61
60
59
58
Falklandinseln
(brit.)
Saunders Island
Carcass Island
Volunteer Beach
51
Hummock Island
Westfalkland
Ostfalkland
Stanley
New Island
52
0 20 40 60 km
Sea Lion Islands
60
Halbinsel Valdés
Ostfalkland
Falklandinseln
(brit.)
Westfalkland
70
ARGENTINIEN
Kap Horn
Feuerland
Bahia Inútil
Ushuaia
Punta Arenas
80
CHILE
Isla Noir
Pazifischer Ozean
0 100 200 300 km